"十四五"职业教育国家规划教材

"十三五"职业教育国家规划教材

U0670632

AutoCAD
辅助园林景观设计 第4版

AutoCAD FUZHU YUANLIN JINGGUAN SHEJI

主　编　余　俊
副主编　承　钧　孟　洁　吴海国
　　　　鲁子祺　孙小青

重庆大学出版社

内容提要

本书是"十四五"职业教育国家规划教材。本书是在 AutoCAD 2014 中文版的基础上,结合行业制图规范,引入国家绘图员职业标准和园林设计甲级资质企业制图标准,采用工作手册式表现形式,按照"项目 + 任务"编写体例,结合园林计算机绘图特点来编写的。本书共分为两篇,上篇是基础命令训练,包含三部分内容:简单介绍 AutoCAD 园林绘图操作基础;结合例子介绍园林设计中常见的单体图形和组合图形绘制。下篇是实战型项目训练,分为 3 大项目,12 个任务。项目 4 详细介绍园林设计要素的绘制方法;项目 5 通过案例讲解园林设计方案图的绘制步骤与技巧;项目 6 介绍园林种植施工图绘制方法、园林工程量的统计方法以及园林施工图尺寸标注与布局打印方法。本书配有数字资源和电子课件,数字资源的内容包括书中项目提到的素材源文件和案例绘图视频 35 个。

本书强调实用性和技巧,叙述深入浅出,讲解细致,并将作者多年应用 CAD 绘图的心得和摸索出来的技巧进行了总结和推广,可以大幅提高绘图效率,对读者有所裨益。

本教材既可用作中等职业教育园林技术、园林绿化、园林景观施工与维护等专业,高等职业教育专科园林技术、园林工程技术、风景园林设计等专业,高等职业教育本科园林工程、园林景观工程等专业学生学习用书,也可供园林景观行业从业人员参考。

图书在版编目(CIP)数据

AutoCAD 辅助园林景观设计 / 余俊主编. -- 4 版.
重庆:重庆大学出版社,2025.6. --(高等职业教育园
林类专业系列教材). -- ISBN 978-7-5689-5335-1
Ⅰ. TU986.2-39
中国国家版本馆 CIP 数据核字第 2025R6C642 号

高等职业教育园林类专业系列教材

AutoCAD 辅助园林景观设计

(第 4 版)

主 编 余 俊
副主编 承 钧 孟 洁 吴海国 鲁子祺 孙小青
责任编辑:范春青 杨 漫 版式设计:莫 西 范春青
责任校对:刘志刚 责任印制:赵 晟

*

重庆大学出版社出版发行
社址:重庆市沙坪坝区大学城西路 21 号
邮编:401331
电话:(023) 88617190 88617185(中小学)
传真:(023) 88617186 88617166
网址:http://www.cqup.com.cn
邮箱:fxk@ cqup.com.cn(营销中心)
全国新华书店经销
重庆长虹印务有限公司印刷

*

开本:787mm×1092mm 1/16 印张:13 字数:334 千
2014 年 8 月第 1 版 2025 年 6 月第 4 版 2025 年 6 月第 1 次印刷(总第 16 次印刷)
ISBN 978-7-5689-5335-1 定价:49.00 元(含数字资源)

编写人员名单

主 编 余 俊 苏州农业职业技术学院

副主编 承 钧 南京市园林规划设计院有限责任公司

孟 洁 广州番禺职业技术学院

吴海国 苏州园科生态建设集团有限公司

鲁子祺 苏州农业职业技术学院

孙小青 苏州香山古建园林工程有限公司

参 编 张 丹 南京市园林规划设计院有限责任公司

李 臻 苏州农业职业技术学院

程奕菲 苏州农业职业技术学院

胡薇叶 苏州农业职业技术学院

郑 颖 重庆城市管理职业学院

赵 丹 贵州建设职业技术学院

前言(第4版)

课程介绍

本书自 2014 年 8 月第 1 版、2018 年 2 月第 2 版、2021 年 9 月第 3 版出版以来,在全国各高职院校广泛使用(目前已印刷 15 次),得到广大师生的好评。经全国职业教育教材审定委员会审定,本书先后被评为"十三五""十四五"职业教育国家规划教材。

为进一步提高本教材质量,我们在第 3 版基础上对教材进行了修订。

一是设计案例更新。本书以习近平新时代中国特色社会主义思想为指导,弘扬工匠精神,传播中国园林文化,注重将编写团队主创设计的世界园艺博览会中国国家展园及中国花卉博览会、绿化博览会、园林博览会"江苏园"等金奖实践作品经过提炼,转化成教学项目。本次修订增补了 2022 年荷兰世界园艺博览会最佳体验奖"中国竹园"案例图纸。其他案例及练习题均来源于编者从事设计师以来的实际设计项目,并进行了完善,将多年应用 CAD 绘图的宝贵心得和技巧进行了总结和推广,帮助读者大幅提高绘图效率。

二是制图规范引入。本书以目前设计机构广泛使用的 AutoCAD 2014 中文版为基础,对接国家绘图员职业标准,深入调研园林绘图员岗位典型工作任务,按照企业绘图工作流程组织教材内容,采用工作手册式教材体例,新引入南京市园林规划设计院编写的《园林和景观工程施工图设计文件编制技术导则》及苏州香山古建园林工程有限公司案例。

三是数字资源开发。按照教材与在线开放课程一体化建设的思路,团队根据教材中涉及的教学案例,新开发了全套视频资源 35 个,时长约 227 分钟,扫描二维码可实现在线学习;另外,配套的数字资源还包括书中项目提到的素材源文件,可在重庆大学出版社官网下载使用。

四是编写人员调整。本次修订按照教育部《职业院校教材管理办法》的要求,增补了高水平行业企业人员,组建了一支由行业专家、企业专家、教育专家组成的校企合作编写团队。由国家"万人计划"教学名师、苏州农业职业技术学院余俊教授担任主编,增补了南京市园林规划设计院董事长、研究员级高级工程师承钧,苏州香山古建园林工程有限公司市级非遗传承人、正高级工程师孙小青,南京市园林规划设计院正高级工程师、省级产业教授张丹,苏州农业职业技术学院课程负责人程奕菲、胡薇叶等参加编写及数字资源开发。

本版教材修订分工如下:余俊担任主编,承钧、孟洁、吴海国、鲁子祺、孙小青担任副主编,张丹、李臻、程奕菲、胡薇叶、郑颖、赵丹担任参编。全书由余俊统稿。

在全书的编写过程中,得到了重庆大学出版社的关心和指导。书中多数案例源于具备风景园林工程设计专项甲级资质的南京市园林规划设计院和苏州园科生态建设集团,个别案例取自国家规范图集等,无法在此一一表述,也一并感谢。

　　由于篇幅有限,本书不涉及三维建模及渲染,也不涉及 CAD 软件二次开发的问题,对这两个方面内容感兴趣的同学可以查找有关材料来学习。

　　对书中存在的疏漏和不足之处,恳请读者批评指正。

余俊

2025 年 4 月

前言(第3版)

近年来,园林景观在我国得到迅猛发展,全国各地都出现了园林景观设计浪潮,AutoCAD 软件作为园林景观设计绘图中一个重要的软件工具,也得到了飞速发展。自 1982 年 CAD 软件推出,到目前市场上最高已经出现了 AutoCAD 2022 版本。本书以目前设计机构广泛使用的 AutoCAD 2014 中文版为基础,引入国家绘图员职业标准,深入调研园林绘图员岗位典型工作任务,以真实项目为载体,按照企业绘图工作流程组织教材内容,采用工作手册式表现形式,按照"项目+任务"编写体例,详细讲解了园林设计图绘制的方法和技巧。

本书自 2014 年 8 月第 1 版、2018 年 2 月第 2 版出版以来,在全国各高职院校广泛使用,已重印 10 次,受到广大师生的欢迎。经全国职业教育教材审定委员会审定,被评为"十三五"职业教育国家规划教材。2017 年入选江苏省高等学校立项重点教材,2021 年被评为全国首届教材建设奖江苏省优秀培育教材。为进一步提高本书质量,我们在第 2 版基础上进行了修订。

本书以习近平新时代中国特色社会主义思想为指导,弘扬工匠精神,传播中国园林文化,将编写团队主创建造的国内外顶级展园中获最高奖的"中国华园""江苏园"等金奖作品经过提炼,转化成教学案例。其他主题案例及练习题均来源于作者担任设计师以来的实际设计项目。作者将多年应用 CAD 绘图的宝贵心得和摸索出来的技巧进行了总结和推广,可以很大程度地提高绘图效率,对读者有所裨益。

全书主要内容包括 AutoCAD 园林绘图操作基础;园林设计中常用的绘图与编辑命令;园林设计要素的绘制;园林设计方案图的绘制;园林工程量的统计;园林施工图尺寸标注与布局打印。每个项目都按照能力目标、能力训练、能力测试、教学内容、课堂实训、项目小结、能力拓展等结构进行编写。读者在学习时,对于有些命令中的"注意"要引起重视,其内容多数是操作技巧和注意事项。另外,要注意在学习过程中,有很多同学只注重单个命令的操作,忽略了对多个命令的配合使用,学习 CAD 一定要活学活用。同时,同学们还要加强对园林设计、国家制图规范等内容的理解和掌握,才能将 CAD 软件和园林绘图紧密结合起来。

本书配有数字资源和电子课件,可扫描本页二维码查看,并在电脑上进入重庆大学出版社官网下载。数字资源的内容包括书中项目提到的素材源文件。书中增加了 16 个二维码,可扫码学习。

本书由苏州农业职业技术学院余俊、重庆工贸职业技术学院谭明权担任主编。参加编写的有孟洁、吴海国、鲁子祺、林少妆、张梦、赵丹、赵茂锦、李臻、郑颖。全书由余俊统稿,苏州农业职业技术学院副院长周军教授应邀详细审阅了书稿。

本书在编写过程中,得到了重庆大学出版社的关心和指导。书中多数案例源于具备风景园林工程设计专项甲级资质的苏州园科生态建设集团有限公司和苏州三川营造有限公司,个别案例取自国家规范图集和网易163、筑龙网等网络共享资料下载,无法在此一一表述,也一并感谢。

由于篇幅有限,本书不涉及三维建模及渲染,也不涉及CAD软件二次开发的问题,对这两个方面内容感兴趣的同学可以直接找有关材料来学习。

对书中存在的疏漏和不足之处,恳请读者批评指正。

编 者

2021 年 7 月

目 录

概论 AutoCAD在园林设计中的应用

习近平总书记提出建设网络强国、数字中国的战略目标,推动我国信息化、数字化发展。数字中国建设是推进中国式现代化的重要引擎,是构筑国家竞争新优势的有力支撑。数字化战略是我国在数字时代推进现代化建设的重要战略部署,旨在通过数字化转型驱动生产方式、生活方式和治理方式的变革,提升国家竞争力,推动经济社会高质量发展,这也为园林行业 CAD 设计绘图的数字化转型提供了有力保障。

1)AutoCAD 在园林设计中的应用

AutoCAD 是目前使用最广泛的计算机辅助绘图和设计软件,建筑设计、室内设计、城市规划、园林景观设计等各行业设计工作者基本上摆脱了手工绘图,而以 CAD 软件为工作平台。

AutoCAD 在园林景观设计中,主要用于园林总平面图、立面图、剖面图及节点详图等施工图的绘制。与手工绘图相比,利用 AutoCAD 绘图有不言而喻的优越性,主要表现在以下几个方面:

(1)提高设计精度

CAD 绘图软件通过精确的数值输入和自动校准功能,确保设计的准确性。例如,植物的种植间距、道路的宽度等都可以通过 CAD 软件精确计算,避免了传统手绘设计中常见的尺寸误差和比例失调。

(2)三维可视化与方案优化

CAD 软件支持三维建模,设计师可以从多个角度审视设计效果,及时发现并修正潜在问题。这种三维可视化功能不仅提高了设计的精度,还增强了设计师与客户之间的沟通效果。

(3)资源管理与成本控制

园林景观设计涉及大量的材料和设备,CAD 软件可以通过数据库管理,详细记录每种材料的使用量和位置,避免资源的浪费和重复采购。

(4)智能设计插件与效率提升

国内先进企业自主研发的智能设计插件,如绿化智能插件系统技术功能,极大地提高了设计效率。

当然,有丰富经验的设计人员都认识到,直接用计算机做"方案设计",不如用手工做方案容易找到"设计感觉",国外有很多高水平的景观设计机构也仍然把手工绘图功底作为考核设计师水平的要素。所以,可以说在相当长的时期内,计算机完全取代手工绘图还不太可能。合理的做法应该是发挥手工做方案和计算机绘图两者各自的优越性,取长补短,顺利完成设计工作,即手工绘制设计方案或草案,然后用计算机绘图和制作最终的成果文件。

2)AutoCAD 与其他设计软件的关系

用于园林景观设计的计算机软件有很多,主要有 AutoCAD,Photoshop,3Dmax 等。AutoCAD 主要绘制线条图,用于设计阶段的制图和施工图的制作;Photoshop 主要制作彩色平面图,它可以将通过虚拟打印方法转化的 CAD 图处理成为园林平面效果图,也可以用于为 3D 渲染图完成后期制作;3Dmax 主要用于制作三维效果图,它通过导入 CAD 文件进行建模、灯光处理,然后渲染输出,再通过 Photoshop 完成后期处理等。

3)AutoCAD 设计软件的二次开发

2020 年,中国风景园林学会发布了《风景园林工程设计文件编制深度规定》,明确要求优先采用自主可控设计工具,推动国产优秀 CAD 软件在园林设计中的应用。使用 CAD 软件的行业很多,不同的行业对 AutoCAD 软件的使用重点都不同,如果使用统一的 AutoCAD 软件,对很多行业的专业运用不是很方便。因此,很多行业都以 AutoCAD 软件为开发平台,进行有针对性的开发工作,使其成为各行业设计工作者的得力助手,如天正建筑 CAD。园林方面也有一些在 CAD 平台上开发的专业软件,如园林景观设计软件 YLCAD 等。

上篇

项目基础：AutoCAD 软件的操作基础

项目 **1** AutoCAD园林绘图操作基础

[知识目标]

(1)掌握 CAD 园林绘图操作基础,包括文件管理和坐标数据输入方法。

(2)掌握 CAD 园林绘图环境的设置方法。

[能力目标]

(1)能正确新建、打开和保存 CAD 文件。

(2)能准确使用相对坐标输入绘制图形。

(3)能规范设置 CAD 园林绘图环境,包括图形界限、绘图单位、栅格与捕捉栅格、对象捕捉。

(4)能准确使用极轴追踪绘制图形。

(5)能准确使用正交模式绘制图形。

(6)能准确使用"对象特性"工具栏管理图形实体。

(7)能准确设置图层、使用图层管理图形。

[能力测试]

如何进行 CAD 园林绘图环境设置

①运行 AutoCAD2014 软件,新建一个文件,文件名为"园林平面图",保存路径为桌面;

②设置图形范围 594×420,左下角为(0,0);设置单位为 mm,长度精度为 0.0000,角度精度为 0.00;

③打开栅格,设置栅格 X 轴和 Y 轴间距为 50,设置捕捉栅格间距为 50,并打开光标捕捉;

④设置极轴追踪,增量角设置为 90,附加角设置为 20,测量方式设为"相对上一段";

⑤打开对象捕捉设置,重点设置端点、中点、圆心、象限点、交点、垂足、最近点;

⑥打开正交模式;

⑦新建 2 个图层:轮廓线层,白色,线型 Continuous,线宽 0.3;标注层,绿色,线型Continuous,线宽默认。

AutoCAD 是美国 Autodesk 公司 1982 年开发的通用计算机辅助绘图软件包,之后 Autodesk 公司陆续开发出多个版本。目前国内最新的版本是 AutoCAD 2025,而市场上各设计机构广泛使用的是功能完善、稳定的 AutoCAD2014 版本,所以本书以 AutoCAD 2014 版为主,讲解 CAD 制图的知识和技巧。实际上不管是 AutoCAD2014 还是 AutoCAD2025,最重要的是绘图规范标准,只要掌握了其中一个版本的绘图基本知识和技巧,就可以使用其他版本。

1.1　操作界面

AutoCAD 软件的操作界面及正交命令

AutoCAD 的操作界面是 AutoCAD 显示、编辑图形的区域。启动 AutoCAD 2014 后的默认界面是 AutoCAD2009 以后出现的新界面风格,为了便于读者学习,我们采用 AutoCAD 经典风格界面进行介绍,如图 1.1 所示,主界面主要包括标题栏、菜单栏、工具栏、十字光标、绘图区、坐标系、布局标签、命令行、状态栏、状态托盘、滚动条等。

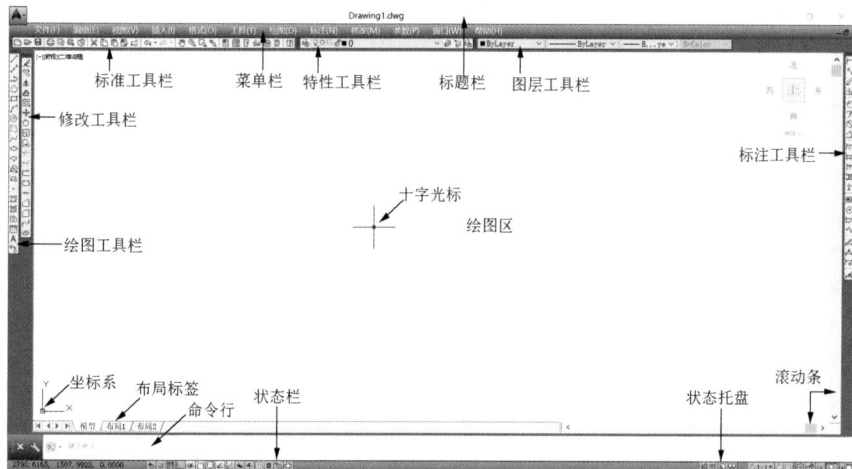

图 1.1

具体的转换方法是:单击界面右下角的"切换工作空间"按钮 ,在弹出的菜单中选择"AutoCAD 经典选项",系统即转换到 AutoCAD 经典界面。

1.1.1　标题栏

标题栏是位于主界面顶部的第一行标示,显示了当前软件的名称和用户正在使用的图形文件,"Drawing1.dwg"是 AutoCAD 的默认图形文件名。标题栏右侧是 3 个标准 Windows 窗口控制按钮,包括最小化、最大化/还原以及关闭按钮。

1.1.2　菜单栏

菜单栏位于主界面的第二行,是调用命令的一种方法,它由 12 个下拉式菜单组成,每个下拉式菜单包含若干子菜单,基本包括软件中所有的功能与命令。

文件(F)　编辑(E)　视图(V)　插入(I)　格式(O)　工具(T)　绘图(D)　标注(N)　修改(M)　窗口(W)　帮助(H)

注意:
①单击其中一类命令菜单,出现下拉菜单,再单击其中要执行的某个命令。
②若下拉菜单中的菜单项右边有"▶"符号,表示此菜单项后还有子菜单。
③若下拉菜单中的菜单项右边有"…"符号,表示执行此菜单项后将显示一个对话框。
④菜单项为浅灰色时,表示在当前条件下此命令不可以执行。

1.1.3　工具栏

　　工具栏是调用命令最方便的一种方法,它以图标的形式形象地将常用命令展现出来,有利于初学者直接、快速地选择命令。

注意:
①快速打开工具栏的方法是将十字光标移到任意工具栏按钮处,单击鼠标右键可弹出所有工具栏名称,在需要打开的工具栏前打"√"即可,如图1.2所示。
②对于初学者而言,并不是打开越多的工具栏操作就会越方便,过多的工具栏会减少绘图区的操作空间。"标准""图层""特性""绘图""修改""标注"是最常用的6个工具栏。

1.1.4　绘图区

　　在主界面中所占区域最大的就是绘图区,绘图区相当于手工绘图时的图纸,比手工绘图优越的是,在AutoCAD的绘图区中绘图是没有边界的,可利用缩放功能将绘图区域无限缩放。

　　绘图区的左下角是用户坐标系的图标,它表明当前坐标系的类型,在平面坐标系中,图标左下角为坐标原点(0,0)。

　　绘图区的底部有"模型""布局1"和"布局2"3个标签,通过点击标签分别可以进入模型空间和图纸空间。用户通常是在模型空间进行绘图工作,在图纸空间进行打印输出图形的最终布局。

注意:
绘图窗口颜色可以根据个人习惯进行调整,菜单栏中的"工具"→"选项"→"显示"→"颜色"中进行调整。

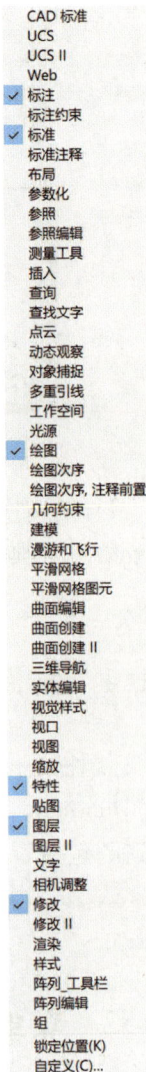

CAD 标准
UCS
UCS II
Web
√ 标注
标注约束
√ 标准
标准注释
布局
参照
参数化
参照编辑
测量工具
插入
查询
查找文字
点云
动态观察
对象捕捉
多重引线
工作空间
光源
√ 绘图
绘图次序
绘图次序,注释前置
几何约束
建模
漫游和飞行
平滑网格
平滑网格图元
曲面编辑
曲面创建
曲面创建 II
三维导航
实体编辑
视觉样式
视口
视图
缩放
√ 特性
贴图
√ 图层
图层 II
文字
相机调整
修改
修改 II
渲染
样式
阵列_工具栏
阵列编辑
组
锁定位置(K)
自定义(C)...

图1.2

1.1.5　命令行

位于绘图区下方的就是命令行,由命令提示行和命令历史记录行两部分组成,用户在命令行中输入命令后,该区域可以显示命令的提示。

> **注意:**
> ①初学者往往只注意绘图区,忽略了命令行的提示。其实,命令行的提示非常重要,它很直观地显示命令的每一个步骤,若是用户操作失误,命令行将作出简单的提示提醒你。按F2键可切换到历史记录窗口,查阅命令的历史记录。同时建议初学者学习在用命令行输入快捷命令的方法进行绘图,它会极大地提高绘图速度。
> ②若重复执行上一次命令,可按空格键,同时在命令的执行过程中,可以随时按Esc键强行终止命令。

1.1.6　状态栏

状态栏位于界面的底部,如图1.3所示。左边的数值为十字光标的位置,数值随十字光标位置的移动而产生变化;右边为一系列辅助绘图工具的开关按钮,如"捕捉""栅格""正交"等,凹下去代表此功能处于打开状态,凸起来代表关闭状态。

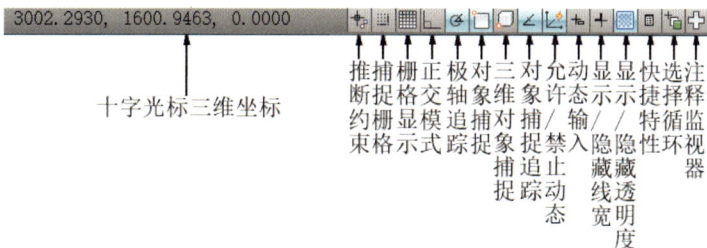

图1.3

> **注意:**"对象捕捉""正交"功能是绘图者最常用的状态控制按钮。

1.1.7　十字光标

十字光标是绘图区内两条正交的十字线,中心处为一方形的捕捉口。十字光标代表鼠标位置,其交点代表当前点的位置。鼠标运用的灵活程度,直接影响到绘图速度和精度。

❖❖❖ **注意**:光标大小可以根据个人习惯进行调整,"工具"→"选项"→"选择集"→"拾取框大小"中进行调整。

1.1.8　状态托盘

状态托盘包括一些常见的显示工具和注释工具,以及模型空间与布局空间转换工具,如图1.4所示,通过这些工具按钮可以控制图形或绘图区的状态。

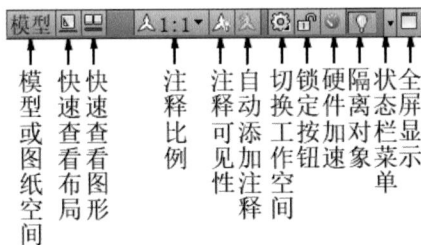

图1.4

1.2　绘图环境设置

要绘制出符合国家制图标准的园林景观设计图,首先要学会如何设置所需的绘图环境,这样不仅可以减少大量的调整、修改工作,而且有利于统一格式,便于图形管理和使用。

1.2.1　绘图区域设置

用户在新建文件后,可以设置图形界限大小。

(1)命令执行方式

菜单栏:格式→图形界限

命令行:limits

(2)操作命令内容

命令:执行上述命令之一

重新设置模型空间界限:

指定左下角点或[开(ON)/关(OFF)] <0.0000,0.0000>:

指定右上角点 <420.0000,297.0000>:

(3)选项说明

指定左下角点——输入绘图区域左下角点的坐标,一般不输入,默认原点(0,0)。

指定右上角点——输入绘图区域右上角点的坐标,根据国家制图规范中标准图纸尺寸

（A0，A1，A2，A3，A4）或图纸内容实际尺寸情况进行设定。

注意：图形界限设置并非必须要操作的步骤，有些绘图用户会不做设置，直接绘图。

[课堂实训]

如要绘制一张建筑平面图，建筑长宽约为10 m×10 m，绘图界限如何设置？

①园林设计绘图中多采用"mm"为单位进行绘制，所以10 m×10 m即是10000 mm×10000 mm，再加上尺寸标注等一些内容，范围稍微放宽些，可确定为12000 mm×12000 mm。

②设置图形界限。

命令：limits

重新设置模型空间界限：

指定左下角点或［开（ON）/关（OFF）］<0.0000,0.0000>：回车，默认原点

指定右上角点 <420.0000,297.0000>：输入12000,12000后回车，图形界限就设置好了。单击状态栏中▦按钮，绘图区内就会出现一片由黑色网格构成的正方形区域，如图1.5所示。

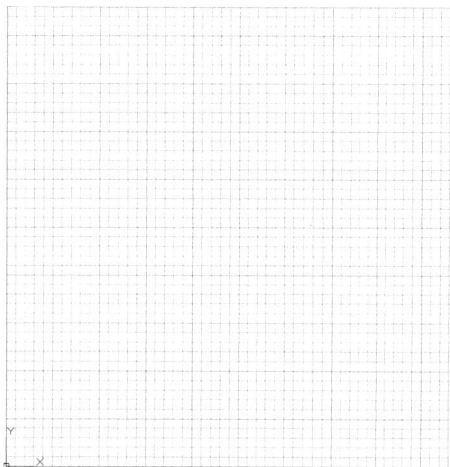

图1.5

如果绘图区内栅格点未显示，可在命令行输入字母"Z"（视窗命令Zoom快捷命令），回车；然后输入字母"E"，回车，就可以看见栅格点了。

1.2.2　绘图单位设置（Units）

主要设置绘图长度、角度单位以及单位数据的精度。

（1）命令执行方式

菜单栏：格式→单位

命令行：Un

（2）操作命令内容

执行上述命令之一，系统将弹出"图形单位"对话框，如图1.6所示。

（3）选项说明

长度——一般选择类型为小数，精度为"0.0000"（小数是系统默认选项，选择项中有分数、工程、建筑、科学等）。

角度——一般选择类型为十进制度数，精度为"0"（十进制度数是系统默认选项，选择项中有百分度、度/分/秒、弧度、勘测单位等）。

方向（D）——"方向控制"对话框可以设置角度的方向，默认基准角度为"0"、方向为"东"，如图1.7所示。

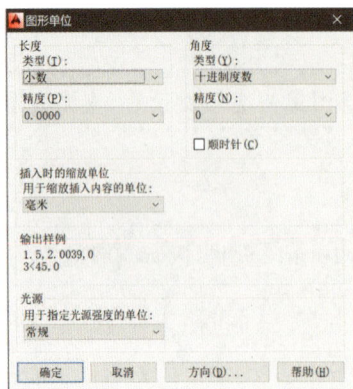 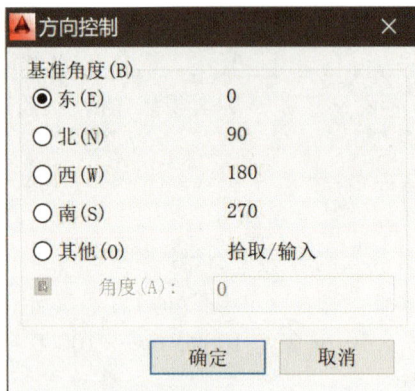

图1.6　　　　　　　　　　　　　　　　　图1.7

1.3　坐标系统

1.3.1　坐标系及坐标原点

AutoCAD 软件之所以是一种十分精确的绘图工具,主要是因为它是通过数据输入的形式来完成精确绘图的。在初始状态下,系统采用的是世界通用坐标系,即 WCS。屏幕的左下角有两个坐标轴,分别为 X 轴和 Y 轴,箭头方向为正,相反方向为负,交点为坐标原点 O (0,0)。

1.3.2　点的坐标输入

点的坐标输入主要由直角坐标系和极坐标系两种形式组成,在输入方式上又分为绝对和相对两种方式,如图1.8 所示。

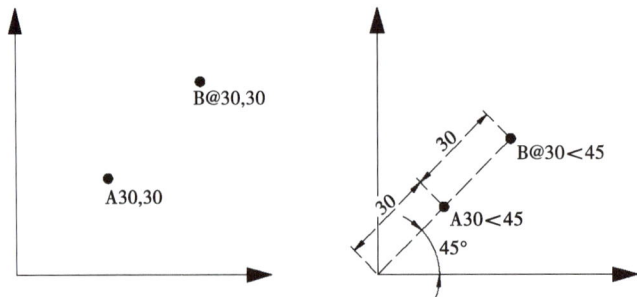

图1.8

（1）直角坐标系

绝对直角坐标——其表达方式为"x,y",即输入点的 x 值和 y 值,x 值和 y 值之间用固定格式","隔开。例如,点 A 的绝对直角坐标为"30,30"。

相对直角坐标——其表达方式为"@ x,y"，即在点的绝对直角坐标表达方式前加"@"符号。例如，点 B 相对于点 A 的直角坐标为"@30,30"。

（2）极坐标系

绝对极坐标——其表达方式为"a＜b"，a 即输入点与原点的距离，b 是指该点与原点 O 的连线与 X 轴正方向之间的夹角，a 和 b 之间用固定格式"＜"隔开，表示角度。例如，点 A 的绝对极坐标为"30＜45"。

相对极坐标——其表达方式为"@a＜b"，即在点的绝对极坐标表达方式前加"@"符号。例如，点 B 相对于点 A 的极坐标为"@30＜45"。

注意：在 CAD 软件绘制园林设计图中，绝大多数情况下，采用的都是相对坐标进行数据输入。

1.4　绘图辅助功能

1.4.1　栅格和捕捉栅格设置

1）**栅格设置**（Grid）

状态栏：开关命令，凹下去为打开（快捷键：F7），屏幕上则显示点状栅格网。

（1）命令执行方式

状态栏：▦开关命令，凹下去为打开（快捷键：F7），屏幕上则显示点状栅格网。

命令行：Grid

（2）操作命令内容

命令：Grid

指定栅格间距（X）或［开（ON）/关（OFF）/捕捉（S）/主（M）/自适应（D）/界限（L）/跟随（F）/纵横向间距（A）］＜10.0000＞：

（3）选项说明

指定栅格间距（X）——栅格 X 方向的间距值（Y 方向的间距值等于 X），默认值为 10 mm。

开（ON）/关（OFF）——打开栅格/关闭栅格。

捕捉（S）——设置捕捉栅格分辨率与当前栅格显示相等。

纵横向间距（A）——将栅格设置成不等的 x 值和 y 值。

2）**捕捉栅格设置**（Snap）

（1）命令执行方式

状态栏：▦开关命令，凹下去为打开（快捷键：F9），自动捕捉栅格点。

命令行：Snap

（2）操作命令内容

命令：Snap

指定捕捉间距或［开（ON）/关（OFF）/纵横向间距（A）/传统（L）/样式（S）/类型（T）］＜10.0000＞：

注意：栅格捕捉"Snap"与栅格显示"Grid"是配合使用的，可右键单击 ▦，然后选择"设置"，弹出"草图设置"对话框进行设置，如图 1.9 所示。注意，栅格不是图形的组成部分，不能被打印出来。

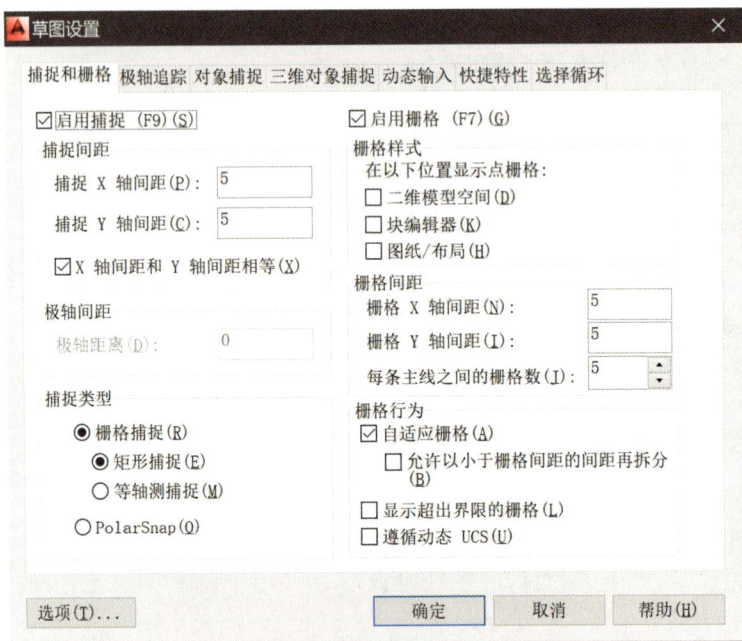

图1.9

1.4.2 极轴追踪设置

AutoCAD 极轴及对象捕捉命令

利用极轴追踪功能，可以在设定的极轴角上精确移动光标和进行对象捕捉。极轴角分为增量角和附加角两类。

（1）命令执行方式

菜单栏：工具→草图设置

状态栏：⌖ 开关命令，凹下去为打开（快捷键：F10），绘制图形时光标附近则显示临时追踪线。

命令行：Dsettings

（2）操作命令内容

右键单击 ⌖，然后选择"设置"，弹出"草图设置"对话框进行设置，如图 1.10 所示。

（3）选项说明

增量角——设置增量角的大小。用户设置增量角后，当十字光标移到设定角度及其整数倍数角度附近时，光标会自动捕捉极轴上的点，出现临时追踪线。

附加角——设置附加角的大小。用户设置附加角后，当十字光标移到设定角度附近时，光标会自动捕捉极轴上的点，出现临时追踪线。附加角可以设置多个，但不超过 10 个。

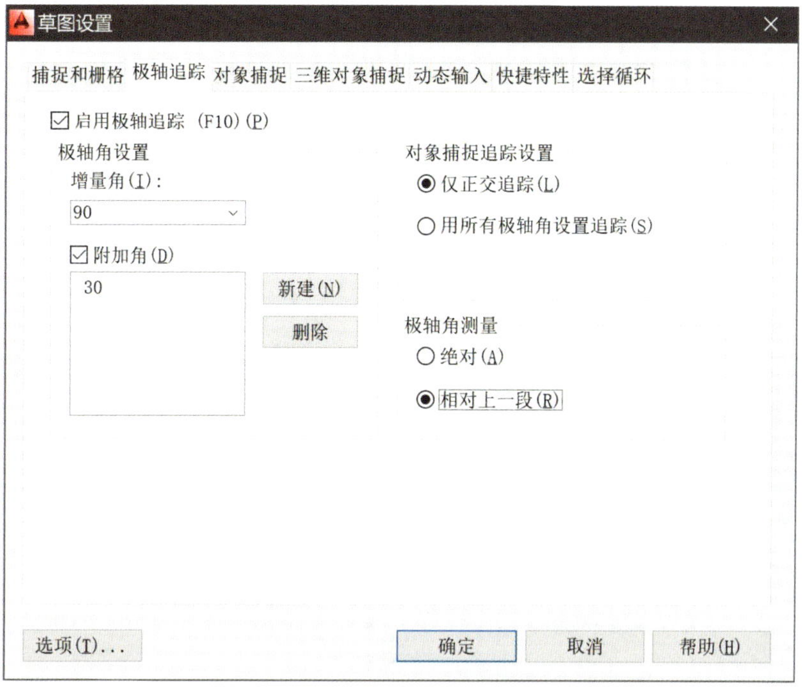

图1.10

绝对——极轴角绝对测量模式。选择此模式后,系统将以当前坐标系下的X轴为起始轴计算出所追踪到的角度。

相对上一段——极轴角相对测量模式。选择此模式后,系统将以上一个创建的对象为起始轴计算出所追踪到的相对于此对象的角度。

[课堂实训]

使用"极轴追踪"法绘制如图1.11所示图形。

①进行"极轴追踪"设置:根据题目中角度情况,设置情况如图1.10所示,打开"极轴追踪"。

②绘制图形:图形由直线构成,因此应先学习直线命令。

命令:Line

指定第一点:指定起点A;

指定下一点或[放弃(U)]:把光标移到附加角30°附近时,出现临时追踪线,此时输入10,回车;

指定下一点或[闭合(C)/放弃(U)]:把光标往上移,当移到与前一条直线成90°附近时,会出现临时追踪线,此时输入7,回车;

指定下一点或[闭合(C)/放弃(U)]:可以看到接下来的每条线都和前一条直线呈垂直状态,所以按照图形中的线条方向,继续移动光标,当出现临时追踪线时,就输入图中相应的数值,再回车;

指定下一点或[闭合(C)/放弃(U)]:最后按空格键结束命令操作。

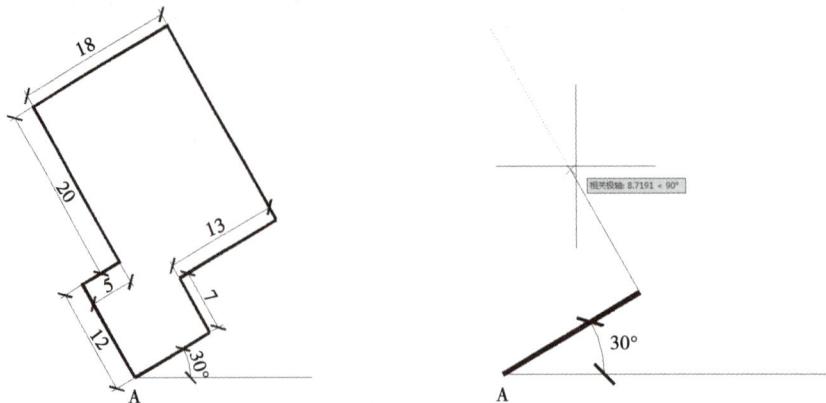

图 1.11

> **注意:** 从上例可以摸索出一个技巧,在园林设计绘图中,绘制园林建筑(建筑转角多为垂直)时,如果建筑不是水平方向,就可以将增量角设为 90°,然后设置"相对上一段"进行极轴追踪绘制。

1.4.3　对象捕捉设置

利用对象捕捉功能可以按照设定的模式快速、准确地捕捉到光标附近的点。

(1)命令执行方式

菜单栏:工具→草图设置

状态栏: 开关命令,凹下去为打开(快捷键:F3),绘制图形时十字光标将按所设捕捉模式自动捕捉特殊点。

命令行:Dsettings

(2)操作命令内容

右键单击 ,然后选择"设置",弹出"草图设置"对话框进行设置,如图 1.12 所示。

(3)选项说明

端点——捕捉直线、圆弧、多段线等对象的端点。

中点——捕捉直线、圆弧、多段线等对象的中点。

圆心——捕捉圆、圆弧、椭圆弧的圆心。注意,在捕捉此点时,十字光标应指在圆、圆弧或椭圆弧上。

节点——捕捉点对象以及尺寸的定义点。

象限点——捕捉圆、圆弧、椭圆弧的最近象限点,如 0°,90°,180°,270°点。

交点——捕捉图形元素之间的交点。

延伸——捕捉直线、圆弧等对象延长线上的点。注意,捕捉此点之前应先停留在该对象的端点上,屏幕显示出一条虚线(延长线)时才可捕捉。

插入点——捕捉块、文字、属性等的插入点。

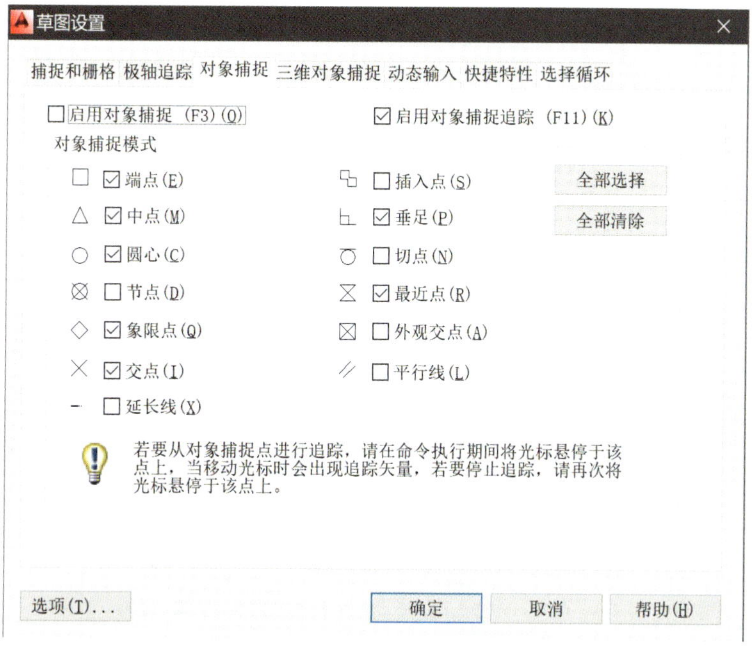

图 1.12

垂足——捕捉与直线、圆弧、多段线、实体、样条曲线等垂直的点。

切点——捕捉与圆、圆弧、椭圆、椭圆弧相切的点。

最近点——捕捉该对象与十字光标最靠近的点。

外观交点——与"交点"的定义相似,捕捉空间中的两个对象的视图交点(可以不真正相交)。

平行——绘制平行线段时应用"平行"捕捉。绘制与线段 AB 平行的直线时,先输入直线的一起点,然后将十字光标移到与线段 AB 平行的方向附近,此时线段 AB 上出现"∥"符号,而十字光标附近会自动出现"平行"提示,再直接键入第二点坐标的矢量值即可。

注意:对象捕捉点并非开得越多越好,对于初学者而言,只要将图 1.12 所示的"端点""中点""圆心""象限点""交点""垂足""最近点"7 类常用点设置好即可。

1.4.4　正交模式设置

命令行:Ortho

状态栏:开关命令,凹下去为打开(快捷键:F8),打开正交模式后,用户只能绘制水平或垂直线。正交模式是一种可以简化水平或垂直线坐标输入的方法。

[课堂实训]

利用正交模式绘制如图 1.13 所示的图形。

命令:Line

指定第一点:指定起点 A;

指定下一点或[放弃(U)]:打开正交模式,把光标向右引,输入25,回车;

指定下一点或[闭合(C)/放弃(U)]:把光标向上引,输入5,回车;

指定下一点或[闭合(C)/放弃(U)]:把光标向左引,输入16,回车;

指定下一点或[闭合(C)/放弃(U)]:把光标向上引,输入30,回车;

指定下一点或[闭合(C)/放弃(U)]:把光标向右引,输入16,回车;

指定下一点或[闭合(C)/放弃(U)]:把光标向上引,输入5,回车;

图 1.13

指定下一点或[闭合(C)/放弃(U)]:把光标向左引,输入25,回车;

指定下一点或[闭合(C)/放弃(U)]:把光标向下引,输入40,回车;

指定下一点或[闭合(C)/放弃(U)]:最后按空格键结束命令操作。

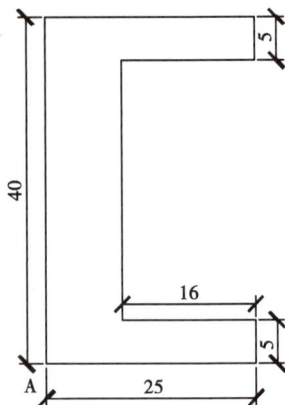

1.5　视窗操作

在绘制图形时,因为屏幕的显示空间是有限的,有些图形经常在屏幕上看不到或者显示太小而看不清楚,为了绘图方便,需要用户对视图的显示状态进行调整。例如,对图形放大、缩小或平移等显示控制(要注意,图形的实际尺寸和位置并不发生变化),从而完整或清晰地观察图形,这些功能都属于视窗操作命令,下面我们进行详细讲解。

1.5.1　视窗平移(Pan)

在不改变图形缩放比例的情况下,可向任意方向移动观察图形。

(1)命令执行方式

菜单栏:视图→平移→实时

工具栏:👋

命令行:P

(2)操作命令内容

执行上述方式之一,十字光标会自动变成一只小手的形状,按住鼠标的左键可拖动图形进行显示移动。

注意:若松开鼠标,系统仍处于此命令的执行状态,可继续按住鼠标的左键进行图形移动,直到按 Esc 键或 Enter 键退出,或单击右键菜单中的"退出"。

1.5.2 视窗缩放(Zoom)

通过设定不同的参数对图形进行不同方式的放大或缩小显示。

(1)命令执行方式

菜单栏:视图→缩放

命令行:Z

(2)操作命令内容

命令:Z

指定窗口的角点,输入比例因子 (nX 或 nXP),或者［全部(A)/中心(C)/动态(D)/范围(E)/上一个(P)/比例(S)/窗口(W)/对象(O)］＜实时＞:

(3)选项说明

全部(A)——在当前视口中缩放显示整个图形。注意当图形超出图纸界限时,会显示包括图纸边界以外的图形。

中心(C)——以用户定义的点作为显示中心,缩放显示由中心点和放大比例(或高度)所定义的窗口。选择该选项后,系统会提示"指定中心点:",定义中心点后,系统会提示"输入比例或高度:",可以输入缩放倍数或图形窗口高度。

动态(D)——动态缩放显示在视图框中的部分图形。选择该选项后,绘图区会出现3个不同颜色的视图框,"白色的实线框"为图形扩展区、"绿色虚线框"为当前视区、"蓝色虚线框"为图形的范围。移动视图框或调整其大小,将其中的图像平移或缩放,以充满整个视口。首先显示平移视图框,将其拖动到所需位置并单击,继而显示缩放视图框,调整其大小后按 Enter 键进行缩放,或单击以返回平移视图框。

范围(E)——用于最大程度地将图形全部显示在绘图区域中。

上一个(P)——显示上一个视图。最多可恢复此前的 10 个视图。

比例(S)——以指定的比例因子缩放显示。

窗口(W)——以窗口的形式定义显示区域,窗口是由两个角点来确定的。

对象(O)——缩放以便尽可能大地显示一个或多个选定的对象,并将其置于绘图区的中心位置。可以在启动"Zoom"命令之前或之后选择对象。

实时——用鼠标移动放大镜符号,可选择0.5~2的缩放系数来显示图形。

◆**注意**:虽然视窗缩放命令中的选项很多,我们真正在绘图中常用的选项只有几个,如"实时缩放"(即放大镜功能)选项、"范围"选项和"窗口"选项。

---

1)"实时缩放"选项

利用鼠标的上下移动来控制图形的放大和缩小。

(1)命令执行方式

菜单栏:视图→缩放→实时

工具栏:

命令行:Z→实时

(2)操作命令内容

执行上述命令之一,十字光标会自动变成一个放大镜的形状,按住鼠标左键向上移动,图形会放大显示;按住鼠标左键向下移动,图形则缩小显示。

若松开鼠标,系统仍处于此命令的执行状态,可继续按住鼠标左键向上或向下进行图形的缩放,直到按 Esc 键或 Enter 键退出,或单击右键菜单中的"退出"选项。

2)"范围"选项

(1)命令执行方式

菜单栏:视图→缩放→范围

命令行:Z→E

(2)操作命令内容

命令:Z

指定窗口的角点,输入比例因子（nX 或 nXP）,或者［全部（A）/中心（C）/动态（D）/范围（E）/上一个（P）/比例（S）/窗口（W）/对象（O）］＜实时＞:E

3)"窗口"选项

(1)命令执行方式

菜单栏:视图→缩放→窗口

工具栏:

命令行:Z→W

(2)操作命令内容

执行上述命令之一,系统会提示用户"指定第一个角点:";单击鼠标左键确定第一点后,系统会提示用户"指定对角点:";单击鼠标左键确定对角点后,则将窗口设定的矩形范围内图形布满窗口,放大显示。

1.5.3 视窗重新生成（Regen）

重生成整个图形。

(1)命令执行方式

菜单栏:视图→重生成

命令行:Re

(2)操作命令内容

执行上述命令之一,系统会自动重生成整个图形并重新计算所有对象的屏幕坐标。

注意: "Regen"重新计算所有对象的屏幕坐标,并重新创建图形数据库索引,这就是用"Regen"命令能使出现折线的圆形恢复光滑曲线的原因。

1.6 图层操作

1.6.1 图层的设置

在 AutoCAD 2014 中,图层可以看成一张透明的纸,用户可以在不同的透明纸上绘图(这一点和 Photoshop 软件完全不同,Photoshop 的图层是带有覆盖性的)。由于所有的图层都是透明的,不同的图层叠加在一起,所有的图形都能显现,就形成了最后的图。例如,在园林设计平面图中,包含的内容特别多,有地形、建筑、小品、铺装、道路、水体、绿化、文字等,我们可以把不同的物体画在不同的层里,利用图层的管理来简化复杂的工作。

下面我们来做一个分层显示的效果。如图 1.14 所示为红线层打开的效果;图 1.15 所示为建筑层打开的效果;图 1.16 所示为道路层打开的效果;图 1.17 所示为小品、水体、山石、汀步层打开的效果;图 1.18 所示为植物、色块、草坪层打开的效果;图 1.19 所示为打开所有图层后的效果。图层的设置可以帮助建筑、景观、电气、给排水各专业之间进行交流,例如打开共用的图层、关闭或删除没用的图层等。

图层(Layer)命令可以帮助用户创建新图层,并赋予图层所需的颜色、线型、线宽,还可以用来管理图层、控制图层的显示状态等。

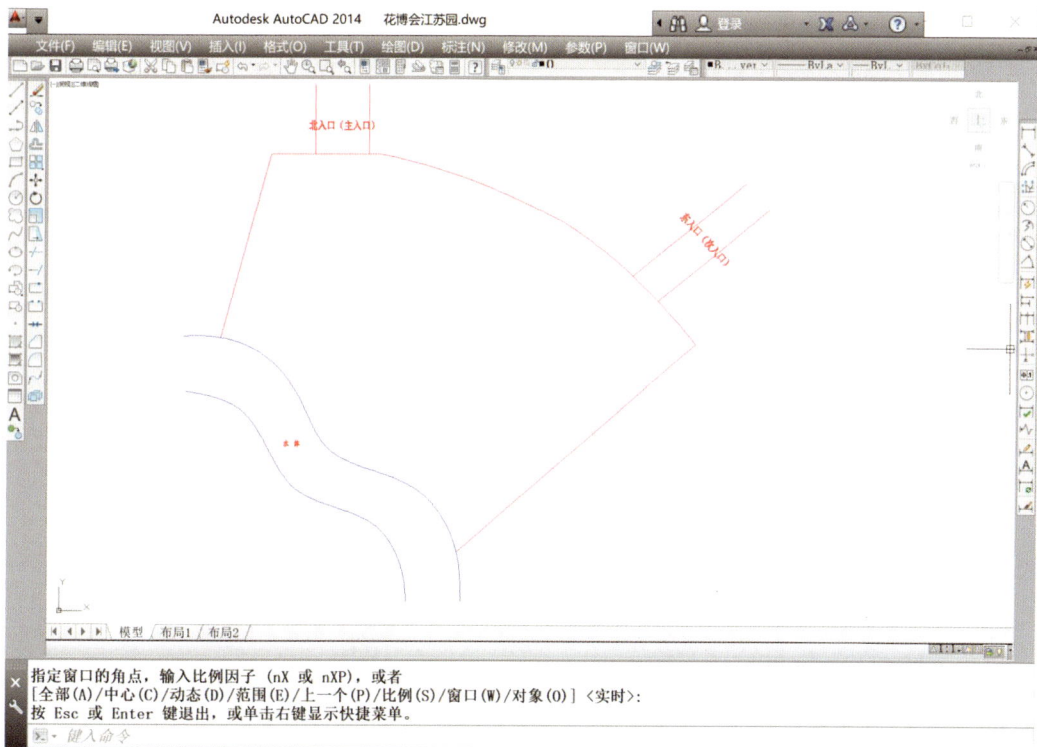

图 1.14 打开总图红线层

图1.15　打开建筑层

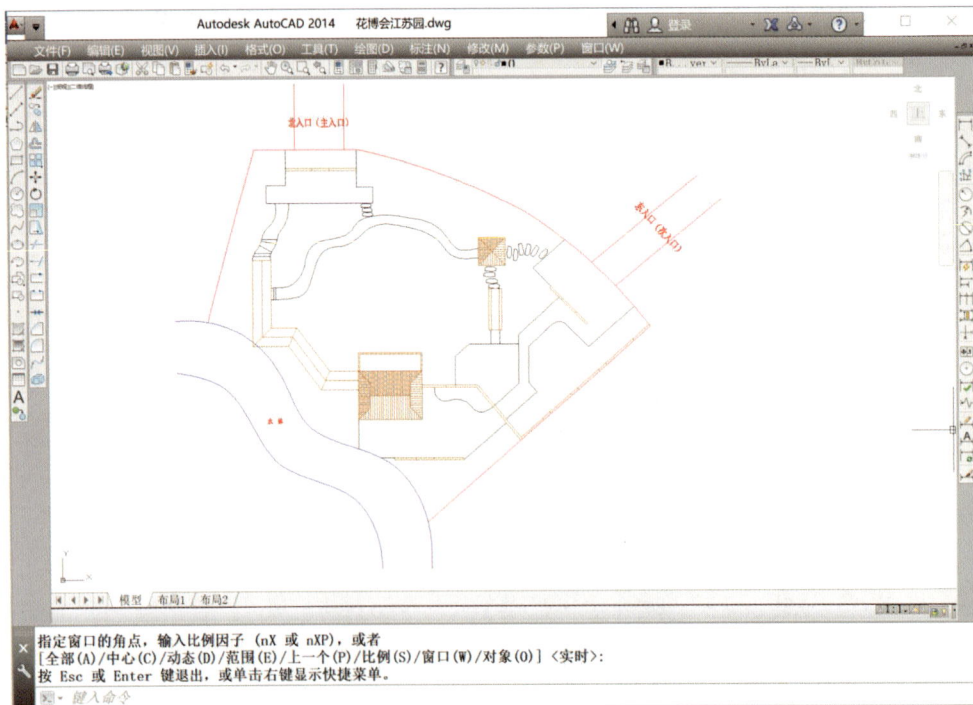

图1.16　打开道路层

图 1.17　打开小品、水体、假山层

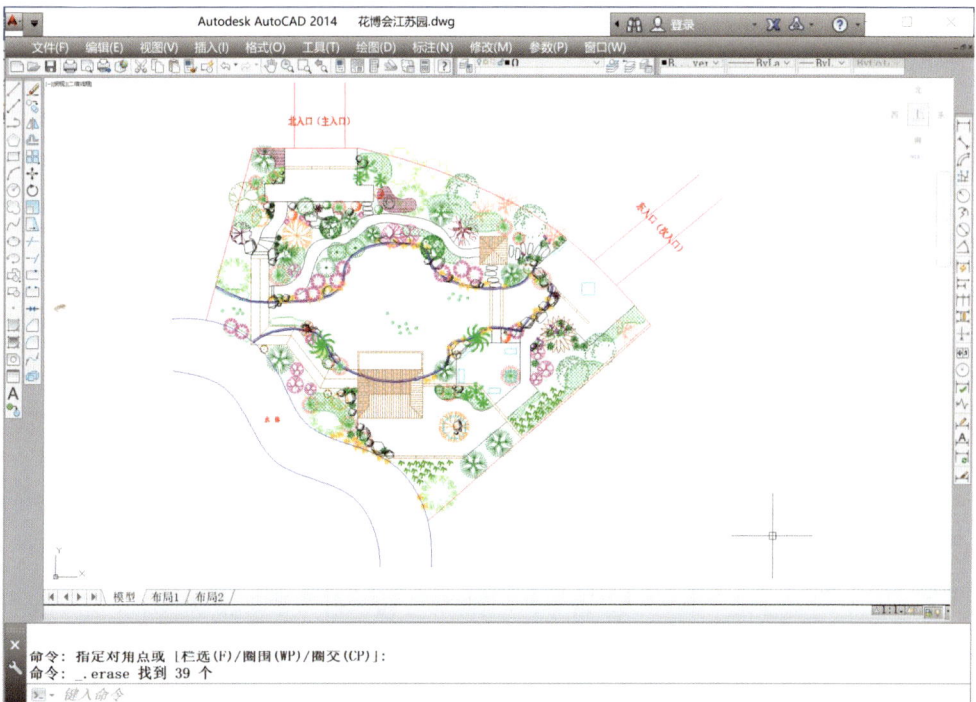

图 1.18　打开绿化、地被及水生层

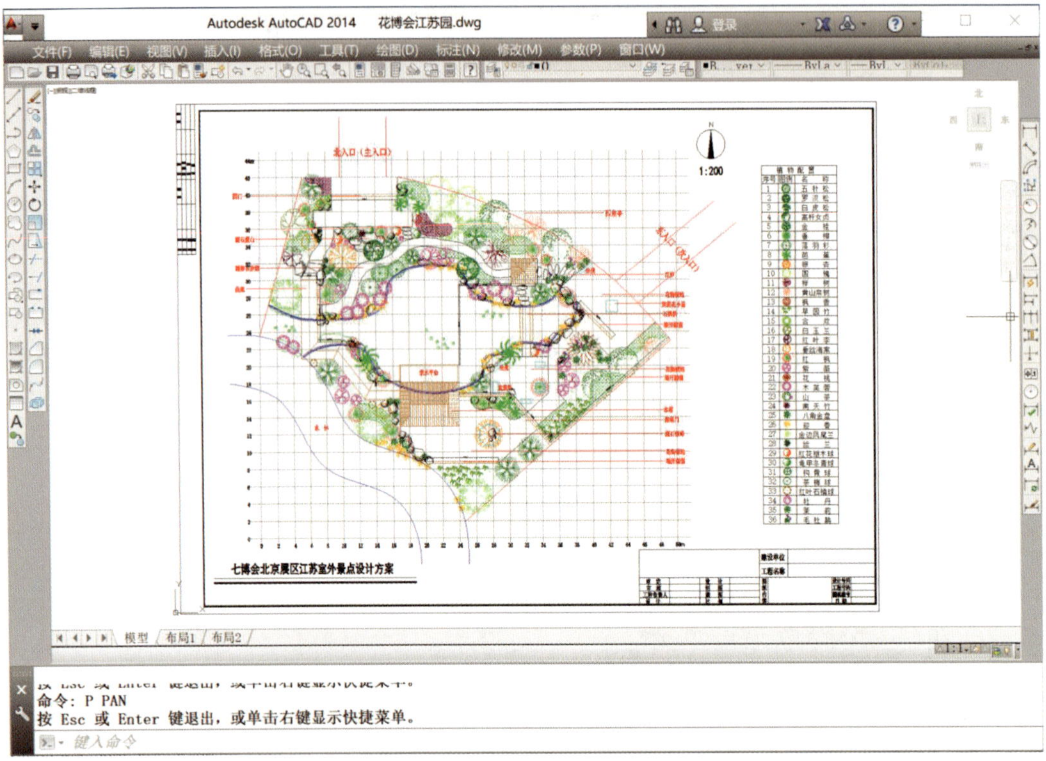

图1.19　打开所有图层

1.6.2　图层的管理

（1）命令执行方式

菜单栏:格式→图层

工具栏:▥

命令行:La

（2）操作命令内容

命令:执行上述方式之一,系统会弹出一个对话框,如图1.20所示,该图是"花博会江苏园"文件中创建的图层。

（3）选项说明

▨——新建图层。根据图纸需要设置图层,可用汉字或英文来命名。

✖——删除图层。将不需要的图层删去。有4类图层无法删除,图层0和Defpoints、当前图层、依赖外部参照的图层和包含对象的图层。

✔——设置为当前图层。注意,当需要将某物体绘制在规定的图层时,必须先将该图设置为当前层。

颜色——设置图层的颜色。注意,图层的颜色可以根据图层上的物体来确定,如绿化层就使用绿色,水体层就使用蓝色。

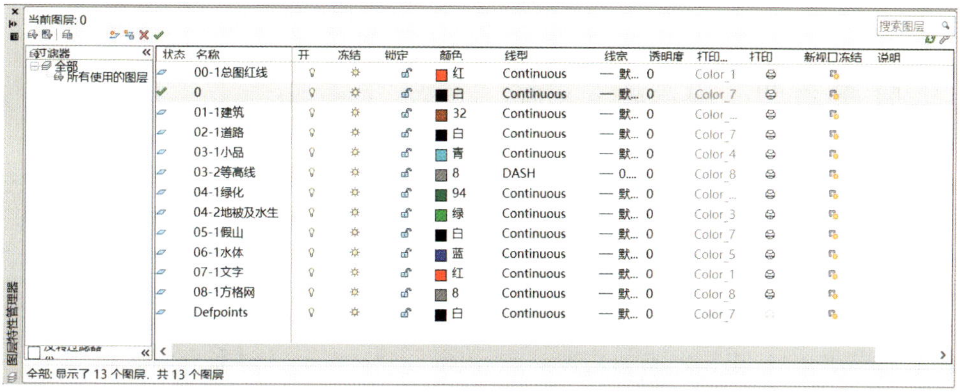

图1.20　"图层特性管理器"对话框

线型——设置图层的线型。注意,图层的线型也需要根据图层上的物体来确定,如等高线层就使用虚线,轴线就使用点画线。

线宽——设置图层的线宽。注意,图层的线宽也需要根据图层上的物体来确定。

💡 / 💡 ——打开/关闭图层。关闭图层上的图形将消失,看不见。

☼ / ❄ ——解冻/冻结图层。冻结图层上的图形将消失,也看不见。

🔓 / 🔒 ——解锁/锁定图层。在加锁的图层上,可以显示、绘制图形,但不能编辑图形。

🖨 / 🖨 ——设置图层是否打印。图层设置禁止打印后,该图层上的图形将不会被打印。

注意:

①关闭与冻结图层上的图形均不可见,其区别在于执行速度的快慢,冻结比关闭快。原因是关闭图层上的图形仍是整个图形的一部分,计算机运行时仍然计算数据;冻结图层上的图形计算机运行时不计算数据。注意当前层可以被关闭,但不能被冻结。

②关于图层名称、颜色、线型的设置,正规设计机构都有公司内部规范,图1.21就是南京市园林规划设计院关于图层方面的规范、规定,供参考。

序号	图层名称	颜色	线型	线宽	备注	序号	图层名称	颜色	线型	线宽	备注
			主要图层						备用图层		
01	0-Y-红线	颜色1	双点长画线	1.00b	用地红线、建筑红线等	16	0-Y-外部道路	颜色254	实线	0.15b	与设计范围相邻的市政路、园路等
02	0-Y-总图	颜色6	实线	0.25b	园路、广场等硬质地界线	17	0-Y-外部建筑及构筑物	颜色33	实线	0.15b	与设计范围相邻的现状建筑、围墙、亭廊等
03	0-Y-水岸线	颜色5	实线	0.45b	硬质、软质水池边界线	18	0-Y-现状植被	颜色62	实线	0.15b	设计范围内需保留、保护的现状植被
04	0-Y-建筑轮廓线	颜色40	实线	0.35b	建筑、构筑物轮廓线	19	0-Y-设施	颜色11	实线	0.20b	栏杆、门、各类设备等,设施类型较多、线条密集时使用
05	0-Y-小品	颜色2	实线	0.30b	雕塑、点景石、杂石、挡墙、景墙等	20	0-Y-等高线分	颜色44	实线	0.15b	等高线超过5根时使用
06	0-Y-道路中心线	颜色4	单点长画线	0.15b		21	0-Y-控制线	对应线型	对应线型	0.50b	地下室边线、紫线、建筑退让线、河道保护线等
07	0-Y-等高线	颜色44	虚线	0.15b		22	0-Y-填充	颜色250	实线	0.00b	除铺装填充以外的填充内容
08	0-Y-等深线	颜色144	虚线	0.15b		23	0-Y-临时标注	颜色7	实线	/	临时标注内容,免打
09	0-Y-铺装分隔	颜色8	实线	0.15b	铺装类型分界线	24	0-Y-方案绿化	颜色102	实线	/	方案阶段绿化,免打
10	0-Y-铺装填充	颜色250	实线	0.00b	铺装样式填充线	25	原图层	颜色47	所在图层线型	0.10b	建筑、构筑物、复杂设施内部线
11	0-Y-立牙台阶	颜色173	实线	0.15b	特指立牙						
12	0-Y-景石	颜色30	实线	0.15b	水边或路边连续的镶边景石						
13	0-Y-地形	颜色9	实线	0.05b	现状地形图						
14	天正自动生成图层	颜色7	实线	0.20b	天正文字颜色						
15	天正自动生成图层	颜色3	实线	0.20b	天正标注线颜色						

注:　b值为单位线条宽度,可根据出图比例调整。

图1.21

1.7　"对象特性"工具栏

在绘图过程中虽然图形属于同一个图层,但每一个图层中的图形对象都根据自身特性而有所区分。例如在绘制某室外平面图时,假定设置了一个叫作"建筑"的图层,将图中建筑类的图形对象都置于其中,但是与建筑相关的图形对象不可能都是一种颜色、一种线宽、一种线型,在绘图中经常以白色表示建筑轮廓,用灰色表示平台,用棕色表示楼梯,这就使得不同特性的图形对象隶属于同一个图层,所以在绘制过程中需要根据不同的图形对象进行具体的特性设置。

园林和景观工程施工图设计文件编制技术导则

"对象特性"工具栏如图1.22所示,可用来改变当前实体的颜色、线型和线宽。当前实体指的是被选中的实体和将要绘制的实体。

图1.22

1.7.1　设置当前实体的颜色

颜色的合理使用,可以充分体现设计的图面效果,非常直观地表达设计者的意图。在设置颜色时有3种选择,即"随层(Bylayer)""随块(ByBlock)""直接选择颜色",如图1.23所示。

随层(ByLayer)——表示当前实体的颜色是按图层本身的颜色来定的,如当前图层是红色,那将要绘制的实体为红色。

随块(ByBlock)——表示当前实体的颜色是按图块本身颜色来定的。

直接选择颜色——表示按照所选的颜色绘制实体,将不受层和块的颜色的影响。

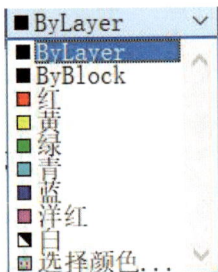

图1.23

> **注意:** 如果当前颜色选择为红色,而当前图层的颜色为绿色,那将要绘制的图形的颜色则是红色,这样容易引起混淆。所以建议用户设置颜色时应处于"随层(ByLayer)"状态,具体颜色可以在图层中设置。

1.7.2　设置当前实体的线型

线型是图形表示的关键要素之一,不同的线型表示了不同的含义。例如在园林景观设计图中,实线表示可见轮廓线;虚线表示不可见轮廓线;点画线表示中心线、轴线、对称线等,不同的

元素应采用不同的线型。在设置线型时有 3 种选择,即"随层
(ByLayer)""随块(ByBlock)""直接选择线型",如图 1.24 所示。其
设置方法同颜色的设置方法,选择线型时,如果图 1.24 中没有用户
需要的线型,可单击"其他",打开"线型管理器"进行线型加载,如
图 1.25、图 1.26 所示。

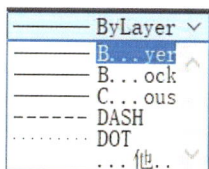

图 1.24

图 1.25

图 1.26

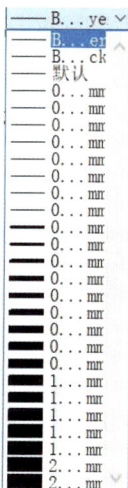

图 1.27

1.7.3　设置当前实体的线宽

　　线宽也是图形表示的关键要素之一,不同的线宽表示了不同的含义。例如在园林景观设计的剖面图中,粗实线表示剖切线,其设置方法如图1.27所示。

注意:要改变一个物体的颜色、线型、线宽等特性,只需直接单击该物体,然后选择对象特性工具栏中相应的颜色、线型、线宽即可。

1.8　文件创建、打开与保存

1.8.1　新建文件(Ctrl + N)

　　(1)命令执行方式

菜单栏:文件→新建

工具栏:▢

命令行:new

　　(2)操作命令内容

命令:执行上述方式之一,系统会弹出如图1.28所示的"选择样板"对话框。

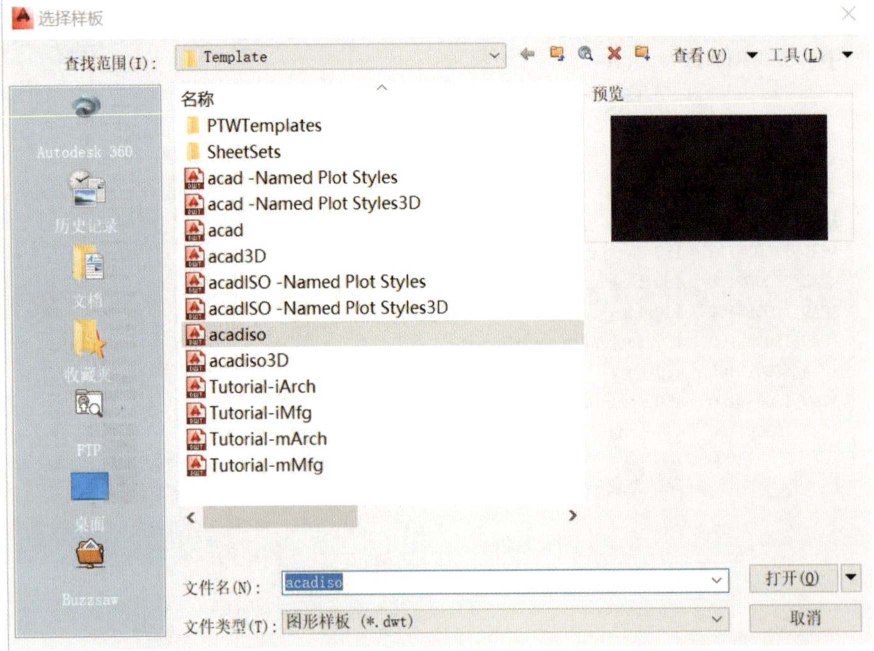

图1.28

> **注意：**对于国内园林景观设计用户而言，一般选择"acadiso"样式，这是默认的公制单位样板文件。

1.8.2　打开文件（Ctrl + O）

（1）命令执行方式

菜单栏：文件→打开

工具栏：📂

命令行：open

（2）操作命令内容

命令：执行上述方式之一，系统会弹出如图1.29所示的对话框，只要按照文件路径找到所要打开的文件即可。

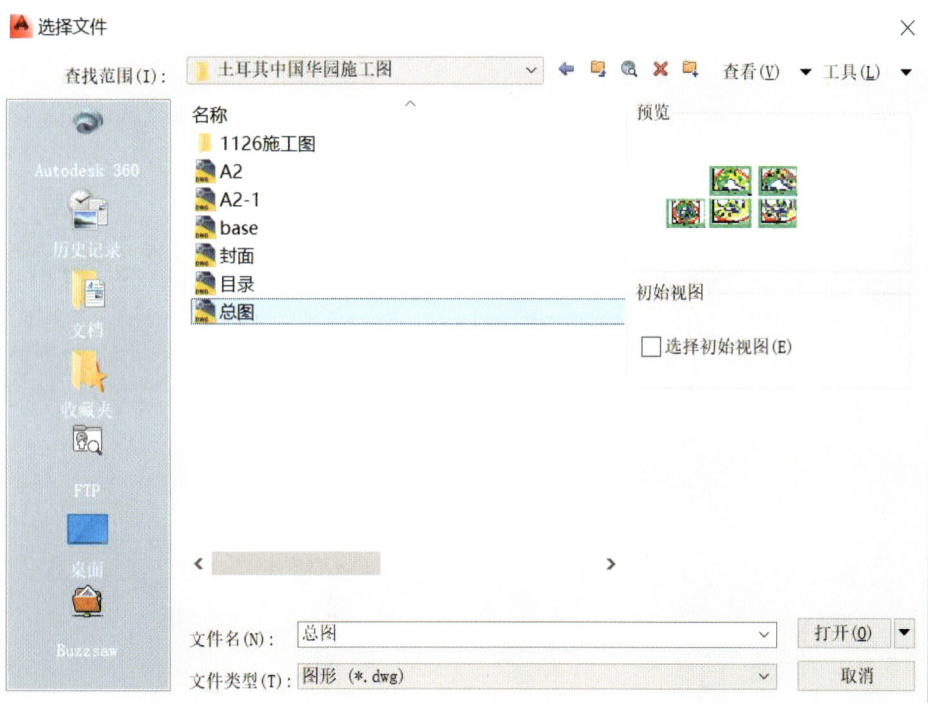

图1.29

1.8.3　保存文件（Ctrl + S）

（1）命令执行方式

菜单栏：文件→保存

工具栏：💾

命令行:save

(2)操作命令内容

命令:执行上述方式之一,如果文件是首次保存,系统就会弹出如图1.30所示的对话框,提示用户输入文件要保存的路径及名称;如果是再次保存,不会出现其他提示。

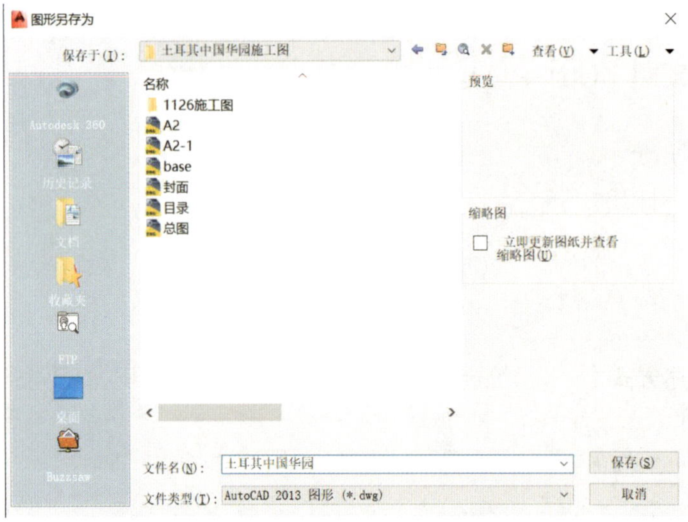

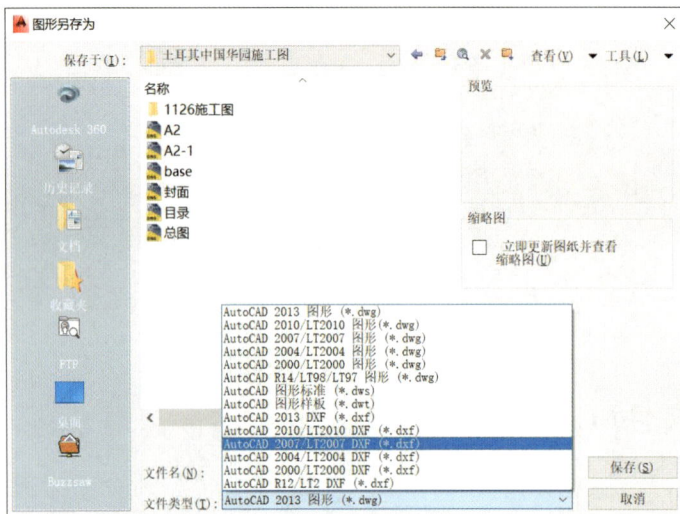

图1.30

另外,文件保存还有一种方式,就是"另存为"。

● 命令执行方式

菜单栏:文件→另存为

命令行:save as

"另存为"的作用有两点:

①可以将文件保存为低级版本(这点很重要),如图1.31所示操作;

②可以将文件保存为其他文件名。

图1.31

[项目小结]

　　本项目介绍了 AutoCAD 2014 中的基本功能、文件操作、绘图环境的设置方法,尤其是图层设置和管理,这是 CAD 软件中一项非常重要的知识,是高效率的管理工具,而且与将 CAD 图转化成彩平图也有重要关系,读者需要熟练掌握。

配套素材源文件

项目 2 AutoCAD绘制园林单体图形

[知识目标]

(1)掌握基本绘图命令的使用方法。

(2)掌握基本绘图命令的使用技巧。

[能力目标]

能正确运用基本绘图命令绘制各类园林单体图形。

[能力测试]

如何绘制下方园林单体图形

园林设计中的组合图形都是由直线、圆、圆弧、椭圆、正多边形、矩形等基本图形绘制而成的。下面的单体图形(图2.1)是通过哪些绘图命令完成的呢?

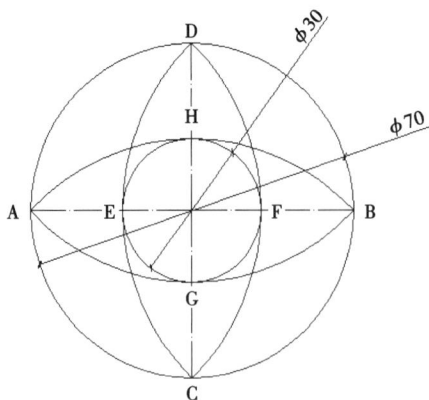

图2.1

在平时的绘图工作中,我们所看到的建筑、园林景观等工程图纸,都是由直线、圆、圆弧、矩形、正多边形等基本图形组成的。绘制这些基本图形是掌握 AutoCAD 的基础,在 AutoCAD 2014 中可以从绘图菜单栏及绘图工具栏中进行调用。

直线命令

2.1　直线（Line）

（1）命令执行方式

菜单栏:绘图→直线

工具栏: ╱

命令行:L

（2）操作命令内容

命令:执行上述方式之一

指定第一点:

指定下一点或［放弃(U)］:

指定下一点或［闭合(C)/放弃(U)］:

（3）选项说明

放弃(U)——取消刚刚绘制的直线的端点,回到前一个端点。

闭合(C)——将已绘制的直线终点和起点封闭起来,形成一个闭合图形。

注意:

①园林绘图中绘制直线端点,通常运用项目1中学过的相对坐标输入法进行点的准确输入。

②打开 F8 键切换到"正交"状态,能直接在水平方向和垂直方向上输入线段长度。

③打开 F3 键切换到"对象捕捉"状态,能帮助用户迅速、准确地捕捉想要绘制的点。

④打开 F10 键切换到"极轴追踪"状态,能帮助用户在设定的极轴角追踪线上精确捕捉需要绘制的端点。

［课堂实训］

绘制如图 2.2 所示的"台阶"图形。

①命令:L

②指定第一点:指定起点 A。

③指定下一点或［放弃(U)］:按 F8 键切换到正交状态,把十字光标向上移动,输入 150。

④指定下一点或［闭合(C)/放弃(U)］:把十字光标向右移动,输入 300。

⑤指定下一点或［闭合(C)/放弃(U)］:依次把十字光标向上移动,输入 150;再把十字光标向右移动,输入 300,完成 5 级台阶。

⑥指定下一点或［闭合(C)/放弃(U)］:把十字光标向下移动,输入 750。

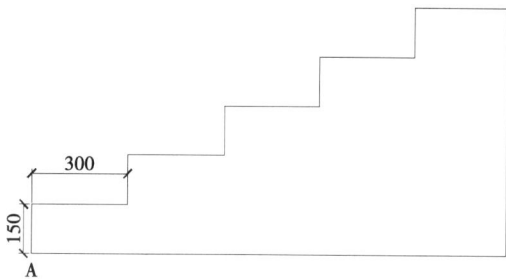
图 2.2

⑦指定下一点或[闭合(C)/放弃(U)]:把十字光标向左移动,输入1500。

⑧指定下一点或[闭合(C)/放弃(U)]:按空格键结束命令操作。

2.2　圆（Circle）

圆命令

(1)命令执行方式

菜单栏:绘图→圆

工具栏:⊘

命令行:C

(2)操作命令内容

命令:执行上述方式之一

指定圆的圆心或[三点(3P)/两点(2P)/相切、相切、半径(T)]:

指定圆的半径或[直径(D)]:

AutoCAD 2014 提供了 6 种画圆的方法。

(3)选项说明

圆心、半径——通过设定圆心的位置及半径大小来绘制圆。

圆心、直径——通过设定圆心的位置及直径大小来绘制圆。

两点(2P)——通过设定圆直径上的任意两点来绘制圆。

三点(3P)——通过设定圆上的任意 3 点来绘制圆。

相切、相切、半径(T)——指定与圆相切的两个图形及圆的半径大小来绘制圆。

相切、相切、相切——指定与圆相切的 3 个图形来绘制圆。

注意:

①"相切、相切、相切"的方法只能通过菜单栏"绘图"→"圆"→"相切、相切、相切"调用。

②初学者注意,"相切、相切、半径"和"相切、相切、相切"两种画圆的方法中切点位置的选择会影响到圆出现的位置。

[**课堂实训**]

(1)用"相切、相切、半径"方法绘制如图 2.3 所示的图形。

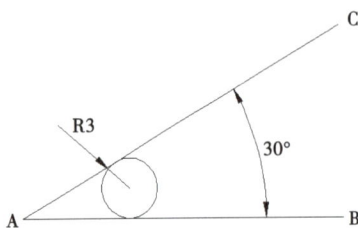

图2.3

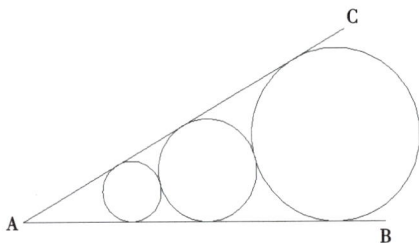

图2.4

①已知直线 AB 为水平线,直线 AB 和 AC 夹角为 30°,绘制与直线 AB 和 AC 都相切的半径为 3 的圆。

②命令:C

③指定圆的圆心或[三点(3P)/两点(2P)/相切、相切、半径(T)/]:输入 T。

④指定对象与圆的第一个切点:移动光标到直线 AB 上任意点处,出现一个捕捉切点标记时,单击鼠标左键。

⑤指定对象与圆的第二个切点:移动光标到直线 AC 上任意点处,出现一个捕捉切点标记时,单击鼠标左键。

⑥指定圆的半径:输入 3,按空格键结束命令操作。

(2)用"相切、相切、相切"方法在图 2.3 的基础上继续绘制如图 2.4 所示的图形。

①命令:"绘图"→"圆"→"相切、相切、相切"。

②指定圆上的第一个点:移动光标到直线 AB 上任意点处,出现一个捕捉切点标记时,单击鼠标左键。

③指定圆上的第二个点:移动光标到直线 AC 上任意点处,出现一个捕捉切点标记时,单击鼠标左键。

④指定圆上的第三个点:移动光标到圆 1 上任意点处,出现一个捕捉切点标记时,单击鼠标左键。

⑤继续采用如上方法,完成下一个圆。

2.3　圆环(Donut)

圆环命令

(1)命令执行方式

菜单栏:绘图→圆环

命令行:Do

(2)操作命令内容

命令:执行上述方式之一

指定圆环的内径:

指定圆环的外径:

指定圆环的中心点或[退出]:

这时单击鼠标左键一次就可以绘制一个填充的圆环,可以根据需要连续绘制多个圆环,按空格键结束命令操作。

注意:

①如果需要绘制实心圆点,只需把内圆的直径设为 0 即可。

②在默认情况下,绘制的圆环一般为实心填充圆环,如果需要绘制非实心圆环,只需在命令行输入"Fillmode",回车后输入 0 即可绘制非实心圆环(值为 1,表示实心填充状态;0 表示非实心填充状态)。

［课堂实训］

绘制如图 2.5 所示的"实心圆柱"图形。

图 2.5

①已知有一段长 5000 mm、宽 240 mm 的墙体,在墙体两侧中点处绘制外直径为 240 mm 的实心圆柱。

②先用直线命令完成墙体直线的绘制。

③然后输入命令:Do

④指定圆环的内径:输入 0。

⑤指定圆环的外径:输入 240。

⑥指定圆环的中心点或［退出］:对象捕捉墙体左侧直线中点。

⑦指定圆环的中心点或［退出］:对象捕捉墙体右侧直线中点。

⑧按空格键结束命令操作。

2.4 圆弧（Arc）

圆弧命令

(1)命令执行方式

菜单栏:绘图→圆弧

工具栏:

命令行:A

(2)操作命令内容

命令:执行上述方式之一

指定圆弧的起点或［圆心(C)］:

指定圆弧的端点:

AutoCAD 2014 提供了 11 种画圆弧的方法。

(3)选项说明

三点——通过指定弧通过的 3 点来绘制圆弧。

起点、圆心、端点——通过输入弧的起点、弧的圆心点和弧的终点来绘制圆弧。

起点、圆心、角度——通过输入弧的起点、弧的圆心点和圆心角度来绘制圆弧。

起点、圆心、长度——通过输入弧的起点、弧的圆心点和弦长来绘制圆弧。

起点、端点、角度——通过输入弧的起点、弧的终点和圆心角度来绘制圆弧。

起点、端点、方向——通过输入弧的起点、弧的终点和切线方向来绘制圆弧。

起点、端点、半径——通过输入弧的起点、弧的终点和弧的半径来绘制圆弧。

圆心、起点、端点——通过输入弧的圆心点、弧的起点和弧的终点来绘制圆弧。

圆心、起点、角度——通过输入弧的圆心点、弧的起点和圆心角度来绘制圆弧。

圆心、起点、长度——通过输入弧的圆心点、弧的起点和弦长来绘制圆弧。

继续——紧接着上一个点来绘制圆弧。

> **注意:**
> ①"三点"画弧法中指定弧通过的3点的顺序不同,会影响到圆弧出现的位置。
> ②虽然画弧的方法很多,读者学起来会觉得比较头痛,根据作者的经验,这11种方法中除了"三点""起点、圆心、角度""起点、端点、角度""起点、端点、半径"等方法较为常用外,其他的方法很少使用,可根据需要有选择地掌握。

[课堂实训]

绘制如图2.6所示的图形。

①已知直径为30 mm和70 mm的两个同心圆,直线AB和CD为相交直径,要求绘制AGB,BHA,CFD,DEC 4段弧。

②命令:A

③指定圆弧的起点或[圆心(C)]:对象捕捉A点。

④指定圆弧的第二个点或[圆心(C)/端点(E)]:对象捕捉G点。

⑤指定圆弧的端点:对象捕捉B点。

⑥按照同样的方法进行"三点画弧",完成BHA,CFD,DEC弧。

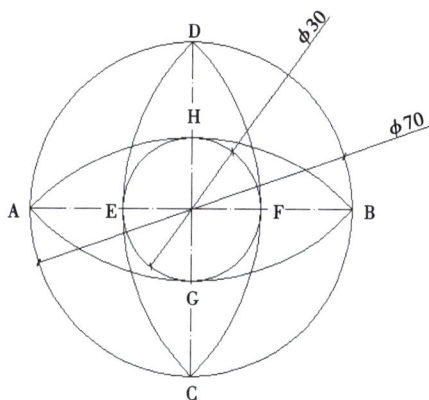

图2.6

2.5 椭圆 (Ellipse)和椭圆弧

椭圆、椭圆弧
命令

2.5.1 椭圆

(1)命令执行方式

菜单栏:绘图→椭圆

工具栏:⬭

命令行:El

AutoCAD 2014提供了2种画椭圆的方法。

(2)操作命令内容

● "端点、端点、半轴长"法

命令:执行上述方式之一

指定椭圆的轴端点或[圆弧(A)/中心点(C)]:

指定轴的另一个端点:

指定另一条半轴长度或[旋转(R)]:

●"圆心、端点、半轴长"法

命令:执行上述方式之一

指定椭圆的轴端点或[圆弧(A)/中心点(C)]:输入C

指定椭圆的中心点:

指定轴的端点:

指定另一条半轴长度或[旋转(R)]:

(3)选项说明

指定椭圆的轴端点——输入椭圆第一个轴的端点。

圆弧(A)——进入画椭圆弧的状态。

指定轴的另一个端点——输入椭圆第一个轴的另一个端点。

指定另一条半轴长度——输入椭圆第二个轴的一半的长度。

中心点(C)——输入椭圆的中心点。

[课堂实训]

(1)用"端点、端点、半轴长"绘制如图2.7所示的椭圆。

①命令:El

②指定椭圆的轴端点或[圆弧(A)/中心点(C)]:在绘图区内任取一点作为A点。

③指定轴的另一个端点:按F8键切换到正交状态,把十字光标向右移动,输入60。

④指定另一条半轴长度或[旋转(R)]:输入15。

⑤按空格键结束命令操作。

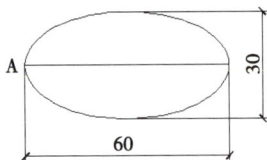

图2.7　　　　　　　　　　　　　　　　　　　图2.8

(2)用"圆心、端点、半轴长"绘制如图2.8所示的椭圆。

①命令:El

②指定椭圆的轴端点或[圆弧(A)/中心点(C)]:C。

③指定椭圆的中心点:对象捕捉O点。

④指定轴的端点:输入坐标@30<20。

⑤指定另一条半轴长度或[旋转(R)]:输入15。

⑥按空格键结束命令操作。

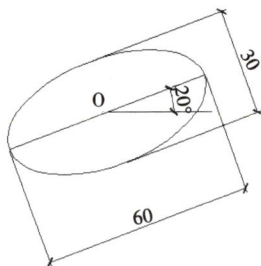

2.5.2　椭圆弧

(1)命令执行方式

菜单栏:绘图→椭圆→椭圆弧

工具栏: ⟳

(2)操作命令内容

命令:执行上述方式之一

指定椭圆的轴端点或[圆弧(A)/中心点(C)]:

指定椭圆弧的轴端点或[中心点(C)]:

指定轴的另一个端点:

指定另一条半轴长度或[旋转(R)]:

指定起始角度或[参数(P)]:

指定终止角度或[参数(P)/包含角度(I)]:

(3)选项说明

指定椭圆弧的轴端点——输入椭圆弧所在椭圆的第一个轴的端点。

指定轴的另一个端点——输入椭圆弧所在椭圆的第一个轴的另一个端点。

指定另一条半轴长度——输入椭圆弧所在椭圆的第二个轴的一半的长度。

指定起始角度——输入椭圆弧的起始角度,逆时针方向为正方向。

指定终止角度——输入椭圆弧的终止角度。

注意:绘制椭圆弧时,根据题目情况,有个小技巧,"指定起始角度"和"指定终止角度"可以采用特殊点的对象捕捉来完成。

[课堂实训]

绘制如图2.9所示的椭圆弧。

①命令: ⟳

②指定椭圆的轴端点或[圆弧(A)/中心点(C)]:捕捉A点。

③指定轴的另一个端点:按 F8 键切换到正交状态,把十字光标向右移动,输入60。

④指定另一条半轴长度或[旋转(R)]:输入15。

⑤指定起始角度或[参数(P)]:输入0。

⑥指定终止角度或[参数(P)/包含角度(I)]:输入300。

⑦按空格键结束命令操作。

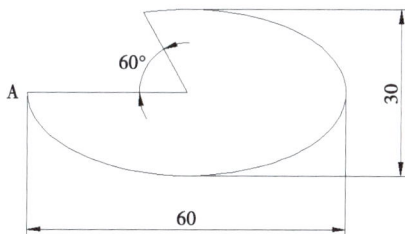

图2.9

2.6　矩形（Rectang）

（1）命令执行方式

菜单栏:绘图→矩形

工具栏:□

命令行:Rec

（2）操作命令内容

命令:执行上述方式之一

指定第一个角点或［倒角(C)/标高(E)/圆角(F)/厚度(D)/宽度(W)］:

指定另一个角点或［面积(S)/尺寸(D)/旋转(R)］:

（3）选项说明

指定第一个角点——指定矩形的一个顶点。

指定另一个角点——指定矩形的另一个顶点。

倒角(C)——设定倒角距离,绘制倒角矩形。

圆角(F)——设定倒圆角半径,绘制圆角矩形。

宽度(W)——设定矩形边的宽度。

［课堂实训］

绘制如图2.10所示的圆角矩形和倒角矩形。

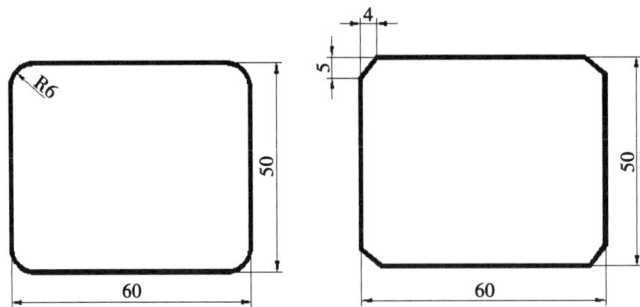

（注:宽度为1）

图2.10

①命令:Rec

②指定第一个角点或［倒角(C)/标高(E)/圆角(F)/厚度(D)/宽度(W)］:输入W,回车。

③指定矩形的线宽 <0.0000>:输入1,回车。

④指定第一个角点或［倒角(C)/标高(E)/圆角(F)/厚度(D)/宽度(W)］:输入F,回车。

⑤指定矩形的圆角半径 <0.0000>:输入6,回车。

⑥指定第一个角点或［倒角(C)/标高(E)/圆角(F)/厚度(D)/宽度(W)］:随机指定一点。

⑦指定另一个角点或［面积(S)/尺寸(D)/旋转(R)］:输入@60,50,回车。

⑧命令:Rec

⑨指定第一个角点或[倒角(C)/标高(E)/圆角(F)/厚度(D)/宽度(W)]:输入C,回车。

⑩指定矩形的第一个倒角距离 <0.0000>:输入4,回车。

⑪指定矩形的第一个倒角距离 <0.0000>:输入5,回车。

⑫指定第一个角点或[倒角(C)/标高(E)/圆角(F)/厚度(D)/宽度(W)]:随机指定一点。

⑬指定另一个角点或[面积(S)/尺寸(D)/旋转(R)]:输入@60,50,回车。

注意:绘制完第一个圆角矩形后,如再绘制的矩形不需要圆角,需要在绘制下一个矩形时进入圆角设置中将数值改为0,因为在同一个文档中系统会记录上一个绘制矩形的特性。

2.7　正多边形(Polygon)

正多边形命令

AutoCAD 2014中,可以精确绘制3~1024条边的正多边形,提供了两类绘制的方法。

(1)命令执行方式

菜单栏:绘图→正多边形

工具栏:⬠

命令行:Pol

(2)操作命令内容

●中心点法

命令:执行上述方式之一

输入边的数目<4>:

指定正多边形的中心点或[边(E)]:

输入选项[内接于圆(I)/外切于圆(C)]:

指定圆的半径:

●边选项法

命令:执行上述方式之一

输入边的数目<4>:

指定正多边形的中心点或[边(E)]:E

指定边的第一个端点:

指定边的第二个端点:

(3)选项说明

内接于圆(I)——正多边形内接于圆就输入I。

外切于圆(C)——正多边形外切于圆就输入C。

注意:在使用中心点法时,用户往往容易在判断"内接""外切"关系上犯糊涂,不知道该输入"I"还是"C",用户可以根据题目中正多边形标注的尺寸,看这个尺寸是跟哪个圆的直径有关系,圆在外面就用"I",圆在里面就用"C",记住即可。

[课堂实训]

(1)已知直径为 30 mm 的圆,用"外切法"绘制如图 2.11(a)所示的图形。

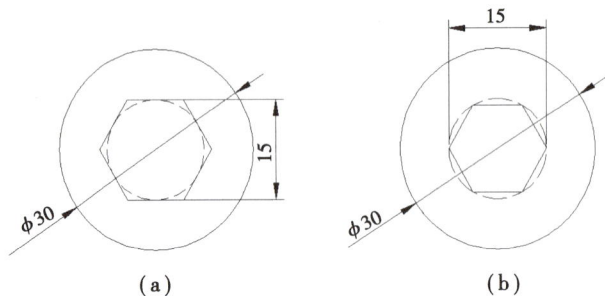

(a)　　　　　　　　　(b)

图 2.11

①命令:Pol

②输入边的数目 <4 >:6。

③指定正多边形的中心点或[边(E)]:对象捕捉圆的圆心。

④输入选项[内接于圆(I)/外切于圆(C)]:输入 C。

⑤指定圆的半径:输入 7.5。

⑥按空格键结束命令操作。

(2)已知直径为 30 mm 的圆,用"外切法"绘制如图 2.11(b)所示的图形。

①命令:Pol

②输入边的数目 <4 >:输入 6,按回车键。

③指定正多边形的中心点或[边(E)]:对象捕捉圆的圆心。

④输入选项[内接于圆(I)/外切于圆(C)]:输入 I。

⑤指定圆的半径:输入 7.5。

⑥按空格键结束命令操作。

注意:用户可以根据课堂实训中的虚线圆来辅助理解内接于圆与外切于圆的区别。

2.8　点（Point）

点命令

2.8.1　绘制单点或多点

(1)命令执行方式

菜单栏:绘图→点→单点

　　　　绘图→点→多点

工具栏:▪

命令行:PO

（2）操作命令内容

命令:执行上述方式之一

指定点:移动十字光标到所需的位置,单击鼠标左键。

注意:执行"单点"命令时,在指定点的位置后,命令即结束。而执行"多点"命令时,指定完第一个点的位置后,可根据用户需求继续输入其他点的位置,直到按 Enter 键或 Esc 键结束命令操作。

2.8.2　绘制定数等分点(Divide)

（1）命令执行方式

菜单栏:绘图→点→定数等分

命令行:DIV

（2）操作命令内容

命令:执行上述方式之一

选择要定数等分的对象

输入线段数目或[块(B)]

[课堂实训]

如图 2.12(a)将 100 mm 长的直线 5 等分。

①命令:DIV

②选择要定数等分的对象:选择已绘制的 100 mm 长的直线。

③输入线段数目或[块(B)]:5。

④按 Enter 键,完成操作。

2.8.3　绘制定距等分点(Mesure)

（1）命令执行方式

菜单栏:绘图→点→定距等分

命令行:ME

（2）操作命令内容

命令:执行上述方式之一

选择要定距等分的对象

指定线段长度或[块(B)]

[课堂实训]

如图 2.12(b)将 100 mm 长的直线按照 20 mm 等分。

①命令：ME

②选择要定距等分的对象：选择已绘制的 100 mm 长的直线。

③指定线段长度或［块（B）］：20。

④按 Enter 键，完成操作。

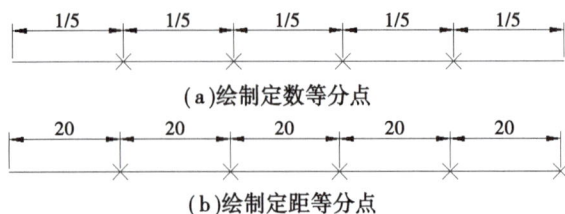

（a）绘制定数等分点

（b）绘制定距等分点

图 2.12

［项目小结］

本项目介绍了 AutoCAD 2014 中的基本绘图命令，读者必须熟练掌握这些基本的绘图命令才能熟练地绘制图形，提高工作效率。

［能力拓展］

绘制配套素材源文件中项目 2 文件夹内"景观灯"图纸，如图 2.13 所示。

配套素材源文件

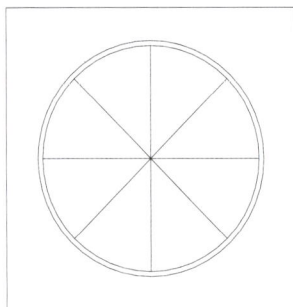

图 2.13

项目 3 AutoCAD绘制园林组合图形

[知识目标]

(1)掌握基本编辑命令的使用方法。

(2)掌握基本编辑命令的使用技巧。

[能力目标]

能综合运用基本绘图命令和编辑命令准确绘制各类园林组合图形。

[能力测试]

如何绘制一张完整的园林花窗图

园林设计中的组合图形都是由直线、圆、圆弧、椭圆、正多边形、矩形等基本图形通过各种编辑命令绘制而成。图3.1所示的园林花窗是通过哪些绘图命令和编辑命令设计完成的呢？

图3.1

3.1 删除（Erase）

（1）命令执行方式

菜单栏：修改→删除

工具栏：

命令行：E

（2）操作命令内容

命令：执行上述方式之一

选择对象：

按空格键结束命令操作。

注意：要删除对象的话，也可以先选择编辑对象，再按键盘上的 Delete 键。

3.2 放弃（Undo）

（1）命令执行方式

菜单栏：编辑→放弃

工具栏：

命令行：Ctrl + Z

（2）操作命令内容

命令：Ctrl + Z

注意：

①每执行一次该命令，可以放弃一步操作，如果要放弃多步操作，只需连续执行该命令即可。即使中途进行过保存操作，仍然可以进行放弃。但要注意的是，如果文件中途关闭过的话，执行放弃命令将只能返回到文件再次打开时的状态为止。

②还有一个命令叫重做"Ctrl + Y"命令，它的作用刚好和放弃命令相反，用以重做刚被放弃的操作。因为运用较少，所以不再另行讲述。

3.3 移动（Move）

（1）命令执行方式

菜单栏：修改→移动

移动、复制
和旋转命令

工具栏：✥

命令行：M

（2）操作命令内容

命令：执行上述方式之一

选择对象：

指定基点或［位移（D）］＜位移＞：

指定第二个点或＜使用第一个点作为位移＞：

（3）选项说明

指定基点——指定移动的基准点作为参考点。

指定第二个点——指定第二点的位置，系统将选择对象按两点所确定的位置移至目标处。

> **注意**："移动的基准点"的选择很重要，它决定了对象移动的精确性，一般情况下多选择要移动的对象上特殊位置的点，也可以根据情况，选择对象以外的点。编辑命令的"复制的基准点""旋转的基准点""比例缩放的基准点"的选择也同理。

［课堂实训］

如图3.2所示，已知一个五角星和一个圆，将圆从A点移动到B点的位置上。

①命令：M

②选择对象：选择圆，并按空格键结束选择。

③指定基点或位移［位移（D）］＜位移＞：对象捕捉A点。

④指定第二个点或＜使用第一个点作为位移＞：对象捕捉B点，如图3.3所示。

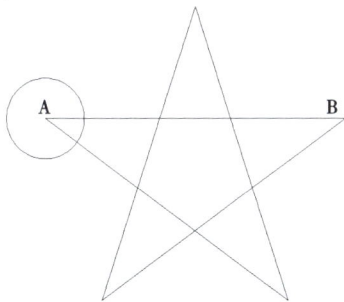

图3.2

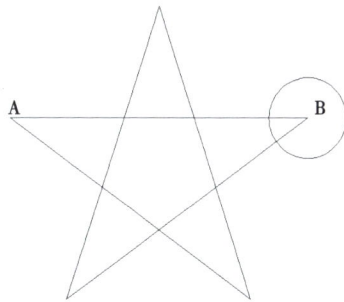

图3.3

3.4　复制（Copy）

（1）命令执行方式

菜单栏：修改→复制

工具栏：✥

命令行：Co

（2）操作命令内容

命令：执行上述方式之一

选择对象：

指定基点或［位移（D）/模式（O）］＜位移＞：

指定第二个点或［阵列（A）］＜使用第一个点作为位移＞：

指定第二个点或［阵列（A）/退出（E）/放弃（U）］：

（3）选项说明

指定基点——指定复制的基准点作为参考点。

指定第二个点——指定第二点的位置，系统将选择对象按两点所确定的位置复制至目标处。

位移——直接输入位移值，表示以选择对象时的拾取点为基准，以拾取点坐标为移动方向，沿纵横比移动指定位移后所确定的点为基点。

模式——控制是否自动重复该命令。确定复制模式是单个还是多个。

[课堂实训]

如图3.4所示，已知一个五角星和一个圆，将圆从A点分别复制到B,C,D,E点的位置上。

①命令：Co

②选择对象：选择圆，并按空格键结束选择。

③指定基点或［位移（D）］＜位移＞：对象捕捉A点。

④指定第二个点或＜使用第一个点作为位移＞：对象捕捉B点。

⑤指定第二个点或［退出（E）/放弃（U）］：对象捕捉C点。

⑥指定第二个点或［退出（E）/放弃（U）］：对象捕捉D点。

⑦指定第二个点或［退出（E）/放弃（U）］：对象捕捉E点，如图3.5所示。

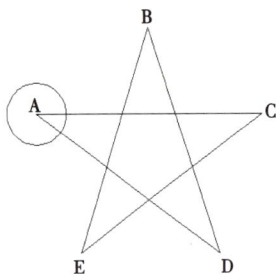

图3.4

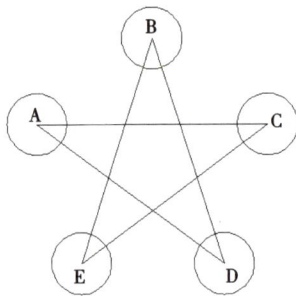

图3.5

3.5　旋转（Rotate）

（1）命令执行方式

菜单栏：修改→旋转

工具栏：

命令行:Ro

(2)操作命令内容

命令:执行上述方式之一

UCS 当前的正角方向:ANGDIR = 逆时针　　ANGBASE = 0

选择对象:

指定基点:

指定旋转角度,或[复制(C)/参照(R)]<0>:

(3)选项说明

指定基点——指定旋转的基准点。

指定旋转角度——输入旋转的角度旋转对象。

参照(R)——采用参照的方式旋转对象。

复制(C)——旋转的同时不删除源对象。

注意:"复制(C)"可以同时实现"旋转 + 复制"功能。旋转命令中的"参考选项"在做一些不知道旋转角度时的情况有效。

[课堂实训]

将给定的四角亭绕中心点 A 逆时针旋转 30°,如图 3.6 所示。

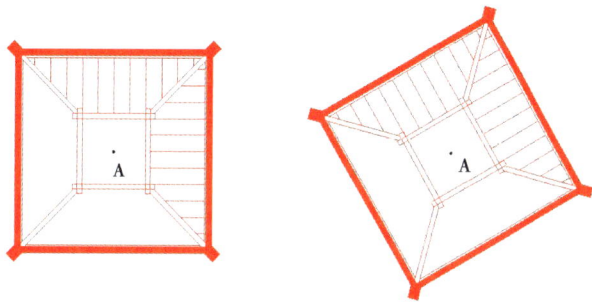

图3.6

①命令:Ro

②UCS 当前的正角方向:ANGDIR = 逆时针　　ANGBASE = 0。

③选择对象:选择给定的四角亭,按回车键。

④指定基点:对象捕捉 A 点。

⑤指定旋转角度,或[复制(C)/参照(R)]<0>:输入 30,按回车键结束。

3.6　对齐(Align)

(1)命令执行方式

菜单栏:修改→三维操作→对齐

对齐、比例
缩放命令

工具栏：

命令行：Al

（2）操作命令内容

命令：执行上述方式之一

选择对象：

指定第一个源点：

指定第一个目标点：

指定第二个源点：

指定第二个目标点：

指定第三个源点或＜继续＞：

是否基于对齐点缩放对象？［是(Y)/否(N)］＜否＞：

（3）选项说明

第一个源点——确定对齐对象的第一个点。

第一个目标点——确定对齐目标的第一个点。

第二个源点——确定对齐对象的第二个点。

第二个目标点——确定对齐目标的第二个点。

第三个源点或＜继续＞——重复以上操作对齐第三个点，也可以直接回车/空格，结束对齐点选择。

是否基于对齐点缩放对象？［是(Y)/否(N)］——"Y"是基于对齐目标上的两个目标点之间的距离进行缩放；"N"是基于对齐目标上的第一个目标点的位置不进行缩放。

[课堂实训]

如图3.7所示的矩形和梯形，把矩形的AB边对齐梯形的CD边。

①命令：Al

②选择对象：选择矩形，回车结束。

③指定第一个源点：对象捕捉A点。

④指定第一个目标点：对象捕捉C点。

⑤指定第二个源点：对象捕捉B点。

⑥指定第二个目标点：对象捕捉D点。

⑦指定第三个源点或＜继续＞：回车一次，表示继续。

⑧是否基于对齐点缩放对象？［是(Y)/否(N)］＜否＞：

⑨回车默认，结果如图3.8所示，如果输入Y，则结果如图3.9所示。

 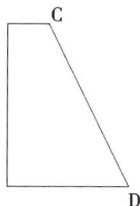 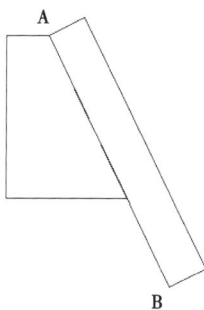

图3.7   图3.8   图3.9

3.7 比例缩放（Scale）

（1）命令执行方式

菜单栏:修改→缩放

工具栏:□

命令行:Sc

（2）操作命令内容

命令:执行上述方式之一

选择对象:

指定基点:

指定比例因子或[复制(C)/参照(R)]<1.0000>:

（3）选项说明

指定基点——指定比例缩放的基准点。

指定比例因子——指定缩放的比例数。

复制(C)——进行比例缩放的同时保存源对象。

参照(R)——采用参照的方式旋转对象。

设定参考长度<1>——指定所要参考的原长度。

指定新长度——指定缩放后要变成的新长度。

◆ **注意**:比例缩放中的"参考选项"在做一些尺寸的精确缩放方面经常使用。

[**课堂实训**]

将左侧的三株树的树冠分别扩大1.5倍和2倍,得到如图3.10所示的图形。

①命令:Sc

②选择对象:选择左侧的树冠,按回车键结束。

③指定基点:指定左侧树冠边缘A点。

④指定比例因子或［复制（C）/参照（R）］<1.0000＞:输入1.5,回车。

⑤命令:Sc

⑥选择对象:选择上面的树冠,按回车键结束。

⑦指定基点:指定上面树冠中心 B 点。

⑧指定比例因子或［复制（C）/参照（R）］<1.0000＞:输入2,回车。

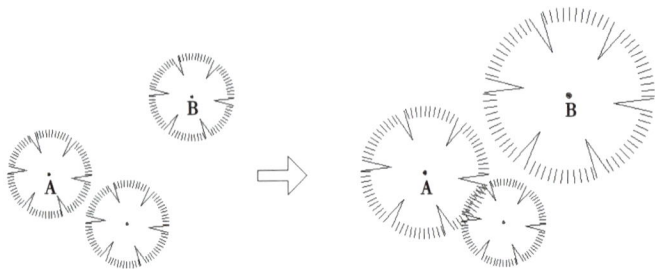

图 3.10

3.8　镜像（Mirror）

镜像、偏移命令

（1）命令执行方式

菜单栏:修改→镜像

工具栏:◢▨

命令行:Mi

（2）操作命令内容

命令:执行上述方式之一

选择对象:

指定镜像线上的第一点:

指定镜像线上的第二点:

是否删除源对象?［是（Y）/否（N）］<N＞:

（3）选项说明

指定镜像线上的第一点——确定镜像线上的第一点。

指定镜像线上的第二点——确定镜像线上的第二点。

是否删除源对象?［是（Y）/否（N）］——"Y"是删除源对象,即源对象消失;"N"是不删除源对象,即保留源对象。

注意:镜像命令在园林设计绘图中很常用,主要用于规则对称式园林的绘制。

[课堂实训]

　　如图 3.11 所示,已知绘制一半的篮球场,镜像复制另一半的篮球场。

①命令:Mi

②选择对象:选择左侧的篮球场,回车结束。

③指定镜像线上的第一点:捕捉镜像线上的 A 点。

④指定镜像线上的第二点:捕捉镜像线上的 B 点。

⑤是否删除源对象? [是(Y)/否(N)] <N>:输入 N,回车结束。

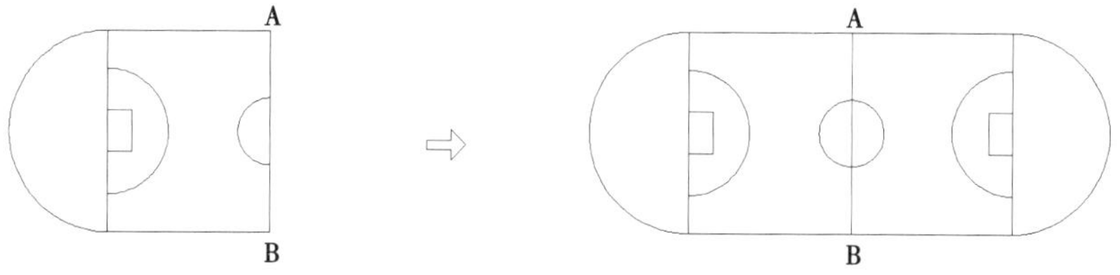

图 3.11

3.9 偏移(Offset)

(1)命令执行方式

菜单栏:修改→偏移

工具栏:

命令行:O

(2)操作命令内容

命令:执行上述方式之一

当前设置:删除源 = 否　图层 = 源　OFFSETGAPTYPE = 0

指定偏移距离或[通过(T)/删除(E)/图层(L)] <T>:

选择要偏移的对象或 <退出>:

指定点以确定偏移所在一侧:

(3)选项说明

指定偏移距离——给出与源对象进行偏移时的距离。

指定点以确定偏移所在一侧——点击想要偏移复制的一侧。

通过(T)——鼠标所点击的位置即是想要偏移复制的对象通过的位置。

注意:偏移命令在园林设计绘图,尤其是园路绘制中使用很频繁,可以连续多次执行偏移操作。

[课堂实训]

如图 3.12 所示,将已知弧形园路的一侧 AB 边,使用偏移命令将园路绘制完整。

①命令:O

②当前设置:删除源 = 否 图层 = 源 OFFSETGAPTYPE = 0。

③指定偏移距离或[通过(T)/删除(E)/图层(L)] <通过>:输入 0.1。

④选择要偏移的对象,或[退出(E)/放弃(U)]:选择 AB 弧形园路,按回车键结束。

⑤指定点以确定偏移所在一侧:在 AB 弧右方单击一点，按回车键结束。

⑥命令:O

⑦当前设置:删除源 = 否 图层 = 源 OFFSETGAPTYPE = 0。

⑧指定偏移距离或[通过(T)/删除(E)/图层(L)] <通过 >:输入 1。

⑨选择要偏移的对象，或[退出(E)/放弃(U)]:选择刚偏移出的线段，按回车键结束。

⑩指定点以确定偏移所在一侧:在 AB 弧右方单击一点，按回车键结束。

⑪命令:O

⑫当前设置:删除源 = 否 图层 = 源 OFFSETGAPTYPE = 0。

⑬指定偏移距离或[通过(T)/删除(E)/图层(L)] <通过 >:输入 0.1。

⑭选择要偏移的对象，或[退出(E)/放弃(U)]:选择刚偏移出的线段，按回车键结束。

⑮指定点以确定偏移所在一侧:在 AB 弧右方单击一点，按回车键结束。

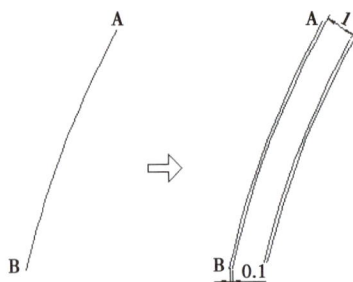

图 3.12

3.10 阵列（Array）

阵列命令

阵列是指多重复制选择对象并把这些副本按矩形或环形排列。把副本按矩形排列称为建立矩形阵列,把副本按环形排列称为建立极阵列。"极阵列"选项经常用来进行植物图例的绘制。

（1）命令执行方式

菜单栏:修改→阵列→"矩形阵列"或"环形阵列"或"路径阵列"

工具栏:修改→"矩形阵列" ⊞⊞ 或"路径阵列" ⟲ 或"环形阵列" ⊹

命令行:Ar

（2）操作命令内容

命令:执行上述方式之一

选择对象:

输入阵列类型[矩形(R)/路径(PA)/极轴(PO)] <矩形 >:

①类型 = 矩形 关联 = 是

选择夹点以编辑阵列或[关联(AS)/基点(B)/计数(COU)/间距(S)/列数(COL)/行数(R)/层数(L)/退出(X)] <退出 >:s

指定列之间的距离或[单位单元(U)] <22.5 >:

指定行之间的距离 <22.5 >:

选择夹点以编辑阵列或[关联(AS)/基点(B)/计数(COU)/间距(S)/列数(COL)/行数(R)/层数(L)/退出(X)] <退出 >:

②类型 = 路径 关联 = 是

选择路径曲线:

选择夹点以编辑阵列或［关联（AS）/方法（M）/基点（B）/切向（T）/项目（I）/行（R）/层（L）/对齐项目（A）/Z方向（Z）/退出（X）］＜退出＞：

③类型＝极轴　关联＝是

指定阵列的中心点或［基点（B）/旋转轴（A）］：

选择夹点以编辑阵列或［关联（AS）/基点（B）/项目（I）/项目间角度（A）/填充角度（F）/行（ROW）/层（L）/旋转项目（ROT）/退出（X）］＜退出＞：

（3）选项说明

切向——控制选定对象是否将相对于路径的起始方向重定向（旋转），然后再移动到路径的起点。

表达式——使用数学公式或方程式获取值。

基点——指定阵列的基点。

关联——指定是否在阵列中创建项目作为关联阵列对象，或作为独立对象。

项目——编辑阵列中的项目数。

行——指定阵列中的行数和行间距，以及它们之间的增量标高。

层——指定阵列中的层数和层间距。

对齐项目——指定是否对齐每个项目以与路径的方向相切。对齐相对于第一个项目的方向。

Z方向——控制是否保持项目的初始Z方向或沿三维路径自然倾斜项目。

注意：环形阵列中的填充角度根据具体情况可在360°内进行设定。

[课堂实训]

绘制园林花窗，如图3.13所示。

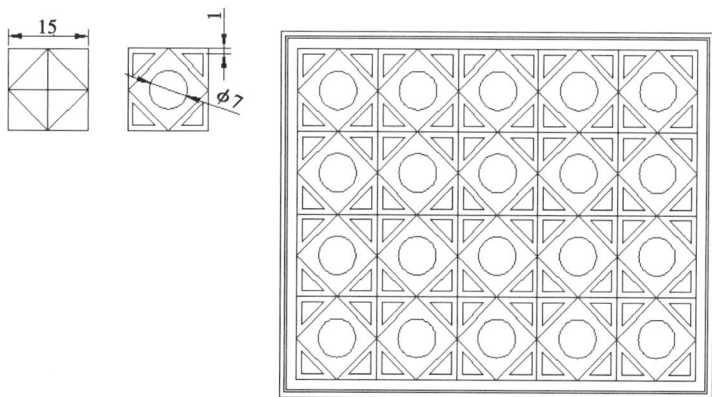

图3.13

按照前面学习的方法，完成①～④步和⑥，⑧步。

①绘制边长为15 mm的矩形。

②绘制正多边形的两条中线并连接矩形四边的中点。

③以矩形中心点为圆心绘制直径为7 mm的圆。

④用偏移命令、修剪命令完成内部三角形,偏移距离为 1 mm。

⑤使用环形阵列命令完成其他 3 个三角形,然后删除辅助线,得到第二个图形。

⑥使用矩形阵列命令完成第三个图案,按图示的个数设定参数。

⑦使用矩形命令和偏移命令完成花窗外框,偏移距离分别为 2 mm 和 1 mm。

3.11 修剪(Trim)

修剪、延伸命令

(1)命令执行方式

菜单栏:修改→修剪

工具栏:⊬

命令行:Tr

(2)操作命令内容

命令:执行上述方式之一

当前设置:投影 = UCS,边 = 无

选择剪切边…选择对象或 <全部选择>:

选择要修剪的对象,或按住 Shift 键选择要延伸的对象,或[栏选(F)/窗交(C)/投影(P)/边(E)/删除(R)/放弃(U)]:

(3)选项说明

选择剪切边…选择对象——选择对象作为剪切边界。

选择要修剪的对象——选择将要修剪的对象。

按 Shift 键选择要延伸的对象——按 Shift 键可以选择要延伸的对象。利用 Shift 键可以在修剪与延伸之间进行切换。

投影——按投影模式剪切,选择该项时系统提示输入投影选项。

边——按边的模式剪切,选择该项时系统提示输入隐含边延伸操作。

注意:

①修剪命令使用时,对象一定要有超出边界的部分才可以修剪。另外,即使被修剪的对象与边界不相交也可以修剪(即虚相交的情况也可以修剪)。

②修剪命令使用时,要进行两次选择,需要强调的是,第一次选择是要选择"修剪边界",即以什么图形对象为界限来进行剪切;第二次选择是要选择"要修剪的对象",即对哪些图形对象进行剪切。

③修剪命令可以根据图形特点,常与"栏选(F)"方式结合使用,十分快捷。

[课堂实训]

将楼梯绘制过程中扶手内部的直线剪切掉,如图3.14所示。

①命令:Tr

②当前设置:投影 = UCS,边 = 无。

③选择剪切边…选择对象或 <全部选择>：选择整个扶手图形,并按回车键。

④选择要修剪的对象,或按住 Shift 键选择要延伸的对象,或[栏选(F)/窗交(C)/投影(P)/边(E)/删除(R)/放弃(U)]:用"直接选取法"(或用栏选、窗交的方法)选择扶手内部的直线,按回车键结束。

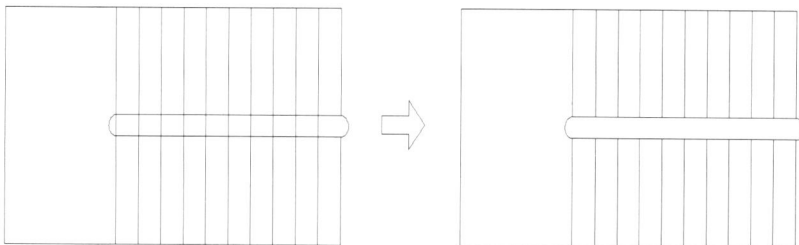

图 3.14

3.12 延伸（Extend）

(1)命令执行方式

菜单栏:修改→延伸

工具栏:-/

命令行:Ex

(2)操作命令内容

命令:执行上述方式之一

当前设置:投影 = UCS,边 = 无

选择边界的边…选择对象或 <全部选择>：

选择要延伸的对象,或按住 Shift 键选择要剪切的对象,或[栏选(F)/窗交(C)/投影(P)/边(E)/删除(R)/放弃(U)]:

注意:延伸命令与修剪命令的参数一致,其参数说明详见修剪命令。

[课堂实训]

将楼梯栏杆延伸至踏步处,如图 3.16 所示。

①命令:Ex

②当前设置:投影 = UCS,边 = 延伸。

③选择边界的边…选择对象或 <全部选择>：选择楼梯踏步,如图 3.15 所示,并按回车键结束。

④选择要延伸的对象,或按住 Shift 键选择要剪切的对象,或[栏选(F)/窗交(C)/投影(P)/边(E)/删除(R)/放弃(U)]:输入 F 并按回车键。

⑤指定第一栏选点:移动十字光标点击点 A。

⑥指定下一个栏选点或[放弃(U)]:移动十字光标点击点 B,并按回车键结束。

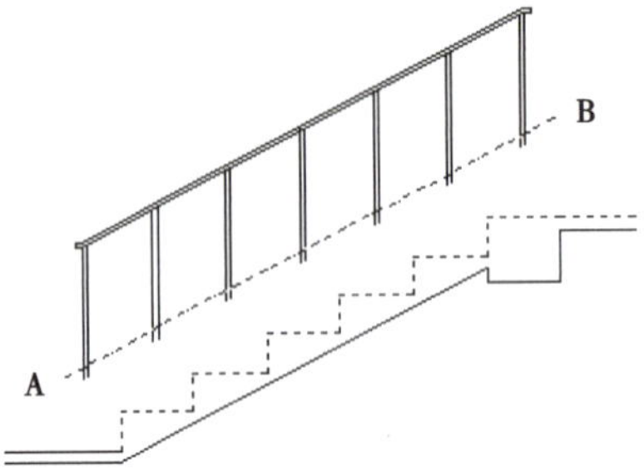

图3.15 　　　　　　　　　　　　　　图3.16

3.13　拉长（Lengthen）

（1）命令执行方式

菜单栏：修改→拉长

工具栏：修改→✎

命令行：Len

（2）操作命令内容

命令：执行上述方式之一

选择对象或［增量（DE）/百分数（P）/全部（T）/动态（DY）］：

（3）选项说明

选择对象——选择想要拉长的对象，选中后系统将显示其长度或包含角。

增量（DE）——输入增量的大小（可以是长度或角度），正值为增，负值为减，增量的方向由选择对象时鼠标点击的位置确定。

百分数（P）——通过输入百分数来拉长对象，100以上为拉长，100以下为缩短，增量的方向由选择对象时鼠标点击的位置确定。

全部（T）——通过输入总量（可以是长度或角度）来拉长对象，增量的方向由选择对象时鼠标点击的位置确定。

动态（DY）——自由拉长对象。

注意：拉长命令主要用于直线类或弧类对象的增长或缩短。

[**课堂实训**]

将直线AB向右拉伸50，如图3.17所示。

①命令：Len

②选择对象或［增量（DE）/百分数（P）/全部（T）/动态（DY）］：选择直线AB，按回车键结束。

③选择对象或［增量（DE）/百分数（P）/全部（T）/动态（DY）］：输入DE，按回车键结束。

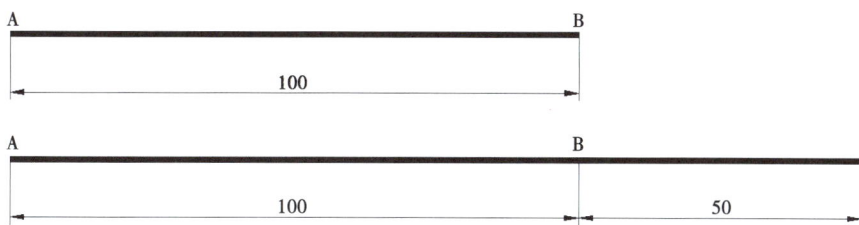

图3.17

④输入长度增量或［角度（A）］＜0.0000＞：输入50，按回车键结束。

⑤选择要修改的对象或［放弃（U）］：移动十字光标到端点 B 处，点击鼠标左键。

⑥选择要修改的对象或［放弃（U）］：按回车键结束。

3.14 倒角（Chamfer）

倒角、倒圆角命令

（1）命令执行方式

菜单栏：修改→倒角

工具栏：◿

命令行：Cha

（2）操作命令内容

命令：执行上述方式之一

（"修剪"模式）当前倒角距离 1＝0.0000，距离 2＝0.0000

选择第一条直线或［放弃（U）/多段线（P）/距离（D）/角度（A）/修剪（T）/方式（E）/多个（M）］：

选择第二条直线，或按住 Shift 键选择直线以应用角点或［距离（D）/角度（A）/方法（M）］：

（3）选项说明

选择第一条直线——选择需要倒角的第一条直线。

选择第二条直线——选择需要倒角的第二条直线。

多段线（P）——选择多段线并对多段线进行倒角。

距离（D）——用于指定倒角的距离。输入"D"后，系统会分别提示输入"指定第一倒角距离"和"指定第二倒角距离"，两倒角距离可以相等，也可以不等。

角度（A）——通过距离和角度来进行倒角设置。输入"A"后，系统会分别提示输入"指定第一条直线的倒角长度"和"指定第二条直线的倒角长度"。

修剪（T）——是否对倒角的边进行修剪。若设为修剪模式，则对象进行倒角时系统会自动将不足的延伸补齐，并将多余的边剪切掉。

方式（E）——确定以什么样的方式进行倒角，是距离（D），或是角度（A）。

多个（M）——对多个对象进行倒角。

注意：选择倒角直线的时候次序不能颠倒，否则倒角命令的倒角距离会颠倒。

[课堂实训]

将图3.18中已知矩形的两条直线倒角,要求横向倒角距离为20 mm,竖向倒角距离为30 mm。

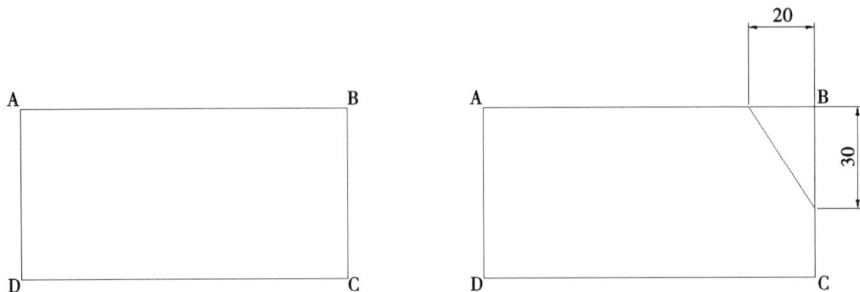

图3.18

①命令:Cha

②("修剪"模式)当前倒角距离 1 = 0.0000,距离 2 = 0.0000。

③选择第一条直线或[放弃(U)/多段线(P)/距离(D)/角度(A)/修剪(T)/方式(E)/多个(M)]:输入 D。

④指定第一个倒角距离 < 0.0000 > :输入 20。

⑤指定第二个倒角距离 < 0.0000 > :输入 30。

⑥选择第一条直线或[放弃(U)/多段线(P)/距离(D)/角度(A)/修剪(T)/方式(E)/多个(M)]:选取 AB 边。

⑦选择第二条直线,选取 BC 边。

3.15 倒圆角(Fillet)

这个命令在绘制园林景观图中很常用,主要用于绘制园林中交叉的园路。

(1)命令执行方式

菜单栏:修改→圆角

工具栏:

命令行:F

(2)操作命令内容

命令:执行上述方式之一

当前设置:模式 = 修剪,半径 = 0.0000

选择第一个对象或[放弃(U)/多段线(P)/半径(R)/修剪(T)/多个(M)]:

选择第二个对象,或按住 Shift 键选择直线以应用角点或[距离(D)/角度(A)/方法(M)]:

(3)选项说明

选择第一条直线——选择需要倒圆角的第一条直线。

选择第二条直线——选择需要倒圆角的第二条直线。

多段线(P)——选择多段线并对多段线进行倒圆角。

半径(R)——用于确定和修改当前圆角的半径值。

修剪(T)——是否对倒圆角的边进行修剪。若设为修剪模式,则对象进行倒圆角时系统会自动将不足的延伸补齐,并将多余的剪切掉。

多个(M)——对多个对象进行倒圆角。

◆ **注意**:平行线倒圆角,则系统自动以两条平行线间的距离为直径,用半圆进行连接。

[课堂实训]

完成下面游步道的倒圆角处理,如图3.19所示。

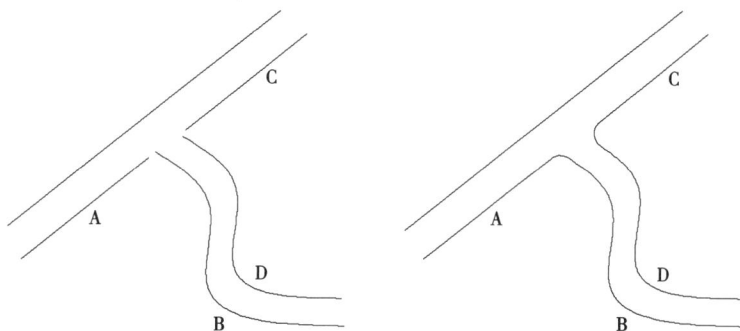

图3.19

①命令:F

②当前设置:模式 = 修剪,半径 = 0.0000。

③选择第一个对象或[放弃(U)/多段线(P)/半径(R)/修剪(T)/多个(M)]:R。

④指定圆角半径 <0.0000 >:输入6000,回车。

⑤选择第一个对象或[放弃(U)/多段线(P)/半径(R)/修剪(T)/多个(M)]:M。

⑥选择第一个对象或[放弃(U)/多段线(P)/半径(R)/修剪(T)/多个(M)]:选择直线A。

⑦选择第二个对象,或按住 Shift 键选择直线以应用角点或[距离(D)/角度(A)/方法(M)]:选择直线B。

⑧选择第一个对象或[放弃(U)/多段线(P)/半径(R)/修剪(T)/多个(M)]:选择直线C。

⑨选择第二个对象,或按住 Shift 键选择直线以应用角点或[距离(D)/角度(A)/方法(M)]:选择直线D。

3.16 分解（Explode）

分解、合并和拉长命令

在图形中,像矩形、多边形、图块、尺寸、填充等对象的操作均为一个整体,很多编辑命令对它们都是无效的,需要"分解"开来才能执行。植物图例是作为一个整体出现的,无论是哪种选择方法都不能选择其中的局部,只有通过"分解"命令才能将整个实体分解成若干个独立的小实体,并可以分别对每个小实体进行编辑。例如,分解后可以随意选择其中的组成部分进行编辑修改。

（1）命令执行方式

菜单栏：修改→分解

工具栏：

命令行：X

（2）操作命令内容

命令：执行上述方式之一

选择对象：

> **注意：** 分解命令不可轻易使用，主要用于图块修改。因为有些组合对象一旦被分解，会变成数十个甚至上百个对象，会使绘图文件变大，选择对象也更加麻烦。

3.17　合并（Join）

可以将直线、圆弧、椭圆弧和样条曲线等独立的对象合并为一个对象，如图3.20所示。

（1）命令执行方式

菜单栏：修改→合并

工具栏：

命令行：J

（2）操作命令内容

命令：执行上述方式之一

选择源对象或要一次合并的多个对象：

> **注意：**
> ①要合并的对象必须首尾相接。
> ②如果要合并的对象中包含样条曲线，则所有的对象合并为一条样条曲线；如果要合并的对象中不包含样条曲线，则所有的对象合并为一条多段线。

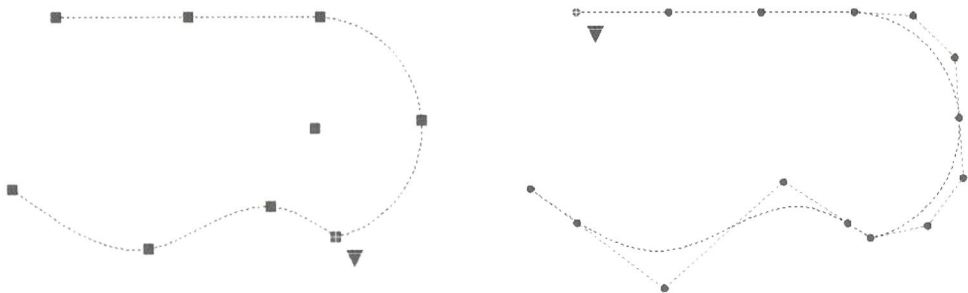

图3.20

3.18　打断（Break）

（1）命令执行方式

菜单栏：修改→打断

工具栏：▢

命令行：Br

（2）操作命令内容

命令：执行上述方式之一

选择对象：

指定第二个打断点或［第一点（F）］：

3.19　打断于点

打断于点是指在对象上指定一点，从而把对象在此点拆分成两部分，与"打断"命令类似。

（1）命令执行方式

工具栏：▢

（2）操作命令内容

命令：▢

选择对象：

指定第二个打断点或［第一点（F）］：f（系统自动执行"第一点"选项）

指定第一个打断点：

指定第二个打断点：

3.20　夹持点功能

夹点是图形上可以控制自身位置、大小的一些几何特征点。在没有执行任何命令的情况下用鼠标点击图形，图形上便会出现若干个蓝色的小方格，这就是夹点。图3.21显示了一些常见几何图形的夹点。

①拾取对象，使对象呈高亮显示（一般显示为虚线），表示已经进入当前选择集，此时夹点显示为蓝色，称为冷夹点（不可编辑状态）。

②把光标准确移动到一个夹点上单击鼠标左键，夹点显示为红色，称为热夹点，即进入夹点编辑状态，可以完成 Stretch（拉伸）、Move（移动）、Rotate（旋转）、Scale（比例缩放）、Mirror（镜像）五大功能操作。

③如果需要同时激活多个夹点成为热点，则在单击夹点的时候按住 Shift 键。

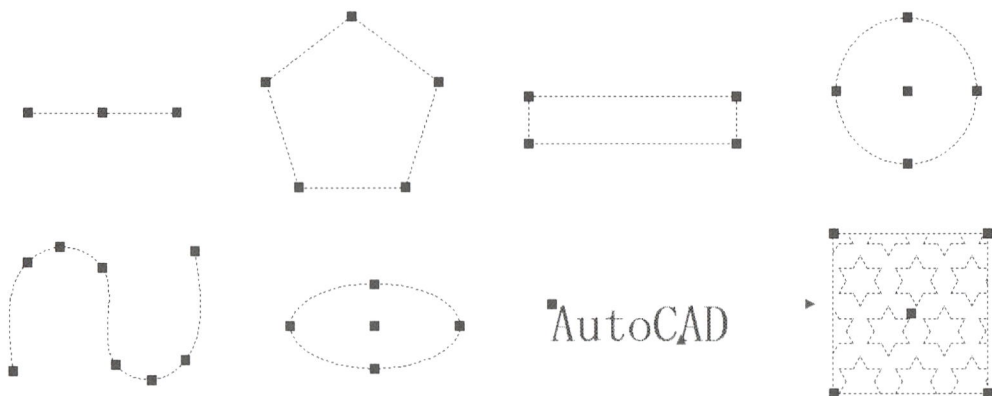

图3.21

④生成热点后,系统默认执行 Stretch(拉伸)命令,再点击鼠标右键,系统会弹出右键菜单,如图3.22 所示,选择其中的选项即可进行操作。

[课堂实训]

(1)拉伸功能

园林设计绘图中经常用样条曲线绘制图形,例如绘制自由弯曲的园路、自然式水体的岸线、地形等高线、一些装饰图案线等。如果觉得曲线画得不满意,可以利用夹点拉伸样条曲线,如图3.23 所示。

(2)旋转功能

将如图3.24 所示的"叶形"对象进行夹点旋转操作,结果如图所示。

①命令:选中"叶形"对象,选中左端点作为夹点,点击鼠标右键打开"快捷菜单",然后点击"旋转"。

②指定旋转角度或[基点(B)/复制(C)/放弃(U)/参照(R)/退出(X)]:输入C,回车。

③指定旋转角度或[基点(B)/复制(C)/放弃(U)/参照(R)/退出(X)]:输入60,回车。

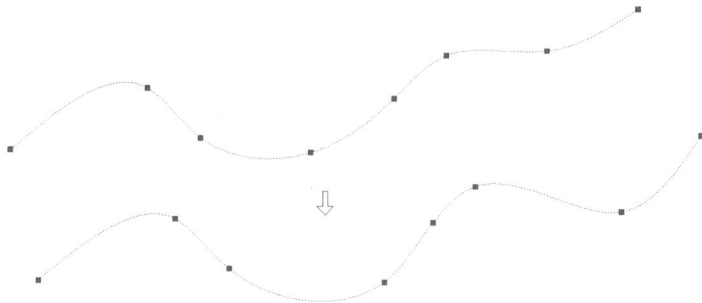

确认(E)
最近的输入　　　　　　　>
拉伸顶点
添加顶点
优化顶点
删除顶点
移动(M)
旋转(R)
缩放(L)
镜像(I)
基点(B)
复制(C)
参照(F)
放弃(U)　　　Ctrl+Z
退出(X)

图3.22

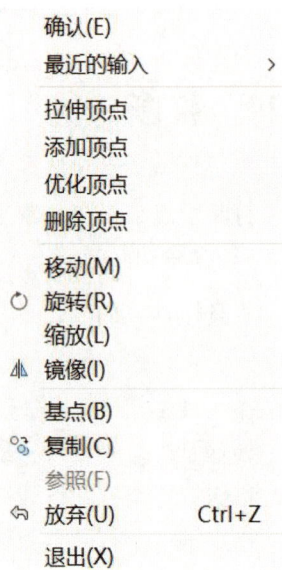

图3.23

④指定旋转角度或[基点(B)/复制(C)/放弃(U)/参照(R)/退出(X)]:输入120,回车。

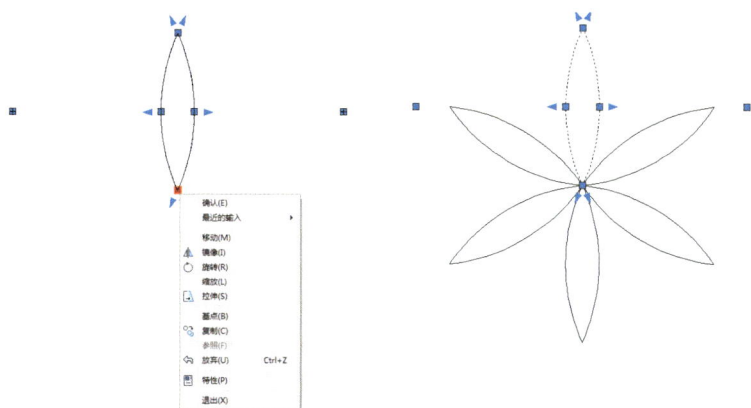

图 3.24

⑤指定旋转角度或［基点（B）/复制（C）/放弃（U）/参照（R）/退出（X）］：输入 180，回车。

⑥指定旋转角度或［基点（B）/复制（C）/放弃（U）/参照（R）/退出（X）］：输入 240，回车。

⑦指定旋转角度或［基点（B）/复制（C）/放弃（U）/参照（R）/退出（X）］：输入 300，回车，按 Esc 键退出。

3.21　目标选择方式

在进行每一次编辑操作时都需要确定被操作的对象，也就是要明确对哪个或哪些图形对象进行编辑。选择了对象后，被选中的对象就会变成虚线，然后可以进行编辑命令的操作。下面将介绍一些常用的选择对象的方法。

1）直接拾取方式

把光标移动到对象上直接单击选择，可以连续选择，如图 3.25 所示。

图 3.25

2）窗口选择方式（window）

该方式是从左向右拖动鼠标拉出一个实线矩形框，完全包含在窗口中的对象将被选中，如

图 3.26 所示。

3)窗口交叉选择方式(crossing)

该方式拉矩形框选择对象的方法,从右向左拖动鼠标拉出一个虚线矩形框,完全包含在窗口中的对象以及与窗口相交的对象都将被选中,如图 3.27 所示。

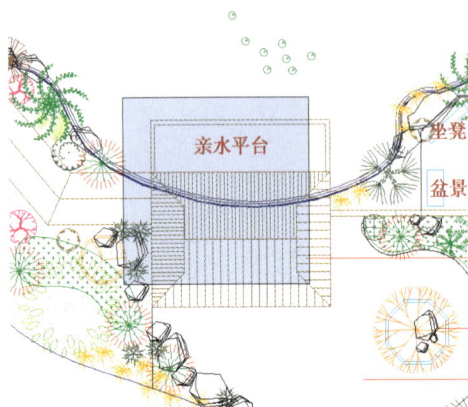

图 3.26

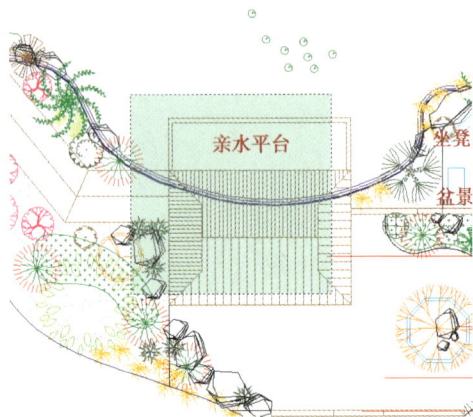

图 3.27

4)"WP"选择方式

该方式通过由若干个角点组成的不规则多边形来选取对象。当命令行提示"选择对象"时,输入"WP",移动鼠标创建一个实线多边形窗口,完全包含在不规则多边形窗口中的对象将被选中,如图 3.28 所示。

5)"CP"选择方式

该方式通过由若干个角点组成的不规则多边形来选取对象。当命令行提示"选择对象"时,输入"CP",移动鼠标创建一个虚线多边形窗口,完全包含在不规则多边形窗口中的对象以及与多边形相交的对象将被选中,如图 3.29 所示。

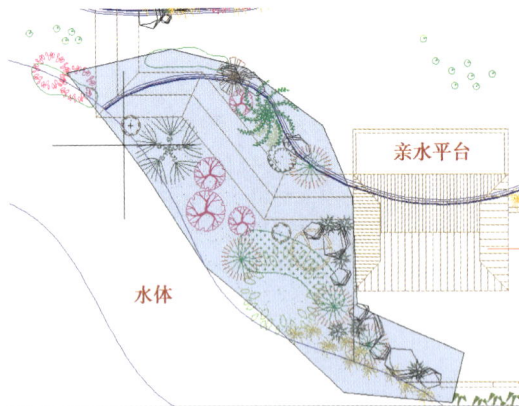

图 3.28

图 3.29

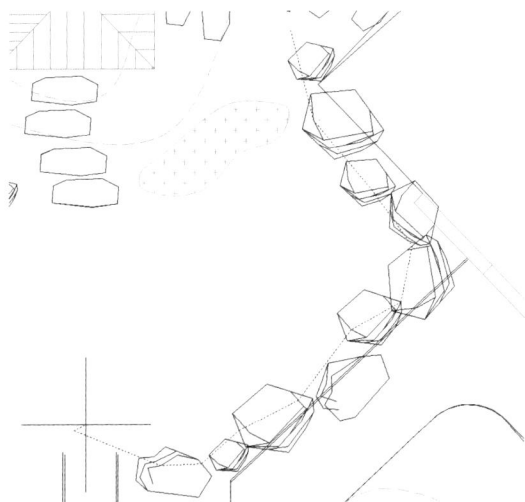

图 3.30

6）栏选方式（fence）

当命令行提示"选择对象"时，输入"F"，可创建一个开放的多点折线，与折线相交的对象均被选中，如图 3.30 所示。

7）前一次方式（previous）

当命令行提示"选择对象"时，输入"P"，将选择刚才作图过程中前一次所选中的对象。

8）最后方式（last）

当命令行提示"选择对象"时，输入"L"，将选中最后绘制的对象。

9）移走方式（remove）

在输入编辑命令后并已经选择了若干个对象时，输入"R"，用上面的任何一种选择方法选择对象，被选择的对象将从选择集中被删除，完成后回车结束选择操作。

10）增加方式（add）

在执行上面介绍的 Remove 命令的过程中，输入"A"，将恢复到添加选择对象的状态。

11）全选方式（all）

当命令行提示"选择对象"时，输入"ALL"，则整个绘图区中所有的对象将被选中（冻结和关闭图层上的对象除外）。

> **注意**：窗口和交叉选择方式是绘图最常用的两种选择方法，其他"WP"选项、"CP"选项、"F"选项、"P"选项都是绘图者常用的技巧选项，需熟练掌握。

[项目小结]

本项目介绍了 AutoCAD 2014 中的编辑命令，读者必须熟练地掌握这些基本的编辑命令才能熟练地绘制图形，提高工作效率。

［能力拓展］

绘制配套素材源文件中项目 3 文件夹内"花窗"图纸（图 3.31）。

图 3.31

配套素材源文件

下篇
项目实践：
园林图纸的绘制

项目 4 园林设计要素的绘制

[知识目标]

(1)掌握多线、云线、样条曲线、多段线、图块、图案填充命令使用方法。

(2)掌握园林各类设计要素的绘制技巧。

[能力目标]

能综合运用各种操作命令规范绘制和表现园林设计要素。

[能力测试]

如何绘制一张完整的建筑平面图

园林设计方案图中,建筑一直以来是表现的重点,根据之前学习过的绘图工具以及编辑工具,如何通过步骤分解绘制一张完整的建筑平面图(图4.1)?

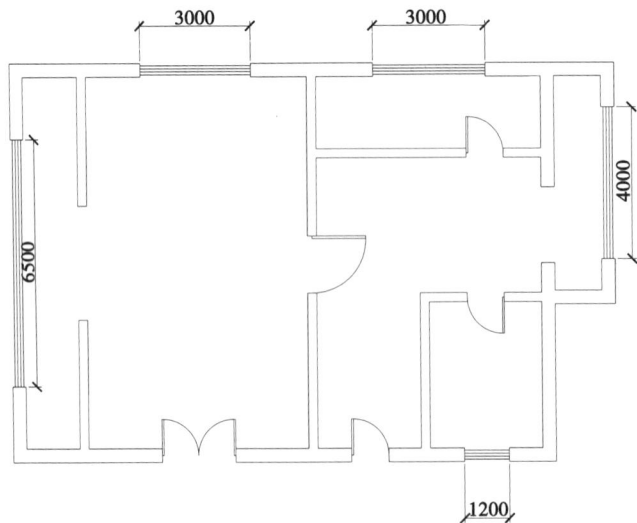

图4.1

4.1　建筑的绘制

4.1.1　建筑的平面表现

在各类园林设计平面图中,对于建筑物需要反映其所在位置、形状、朝向、建筑之间的相对位置以及与周围相关环境的关系。平面图中园林建筑的表现方法主要有3种。

1)轮廓法

轮廓法是绘制园林建筑的外形轮廓线,主要用于小比例的总体规划图、导游示意图和总平面图,重在简洁地反映建筑的布局关系,如图4.2所示。

2)坡顶法

坡顶法主要用于顶部为坡顶的园林建筑,能够清楚地反映建筑屋顶形式和坡向特征,较为形象化,常用于设计中坡屋顶建筑应用较多的总体规划图和总平面图,如图4.3所示。

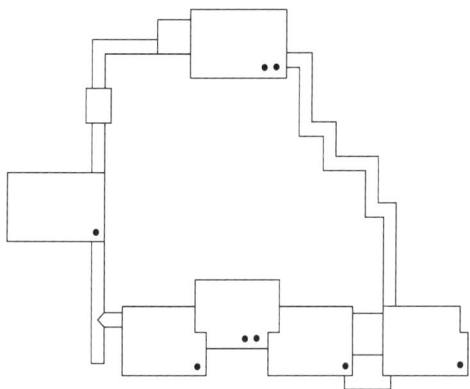

图4.2　轮廓法

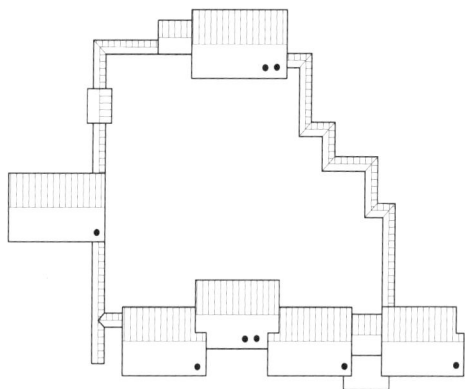

图4.3　坡顶法

3)平剖法

平剖法用假设的水平面将园林建筑物剖切开,下半部分的水平投影所得的视图,不仅能够表现出建筑的位置、形状和布局关系,还能表达建筑内部的简单结构。平剖法主要用于大比例的园林平面图、建筑单体设计平面图,图4.4所示的园林办公楼就是用平剖法表示的。注意,建筑结构图中的墙体常用多线命令来绘制。

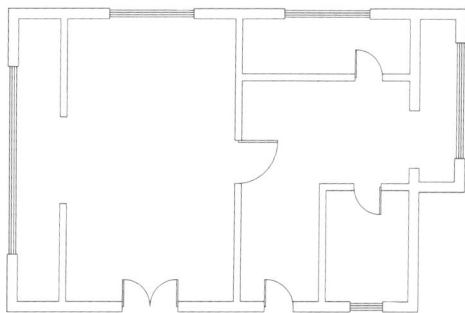

图4.4　平剖法

4.1.2　AutoCAD 相关命令：多线的使用（Mline）

多线命令常用于园林绘图中建筑墙体线（双线）的绘制。

（1）命令执行方式

菜单栏:绘图→多线

命令行:ML

（2）操作命令内容

命令:执行上述方式之一

当前设置:对正 = 上,比例 = 20.00,样式 = STANDARD

指定起点或［对正(J)/比例(S)/样式(ST)］:

指定下一点:

（3）选项说明

对正(J)——设置如何绘制多线。其中"上(T)"表示在光标处绘制多线的顶线,其余的线在光标之下;"无(Z)"表示在光标处绘制多线的中点;"下(B)"表示在光标处绘制多线的底线,其余的线在光标之上。

比例(S)——指定多线宽度距离。

样式(ST)——指定多线样式。选择此项后,命令行会给出提示"输入多线样式名或[?]",此处输入多线样式名称或者输入"?"可显示已定义的多线样式名。

[课堂实训]

建筑平面图绘制

绘制"某街道公园景观设计方案"中办公楼建筑平面图,尺寸如图4.5所示。

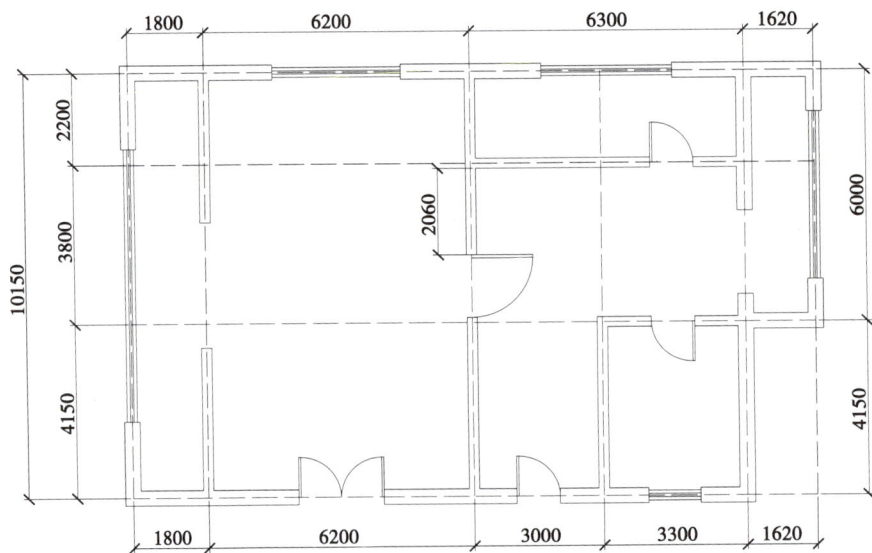

图4.5

（1）图纸准备

①新建图形文件：启动 AutoCAD 2014，在"选择样板"对话框中"文件名"处选择"acadiso. dwt"创建图形文件，并将文件以"办公楼"命名进行保存。

②新建图层：单击"图层"工具栏中的"图层特性管理器"按钮，开启"图层特性管理器"对话框，分别建立如图 4.6 所示的几个图层，设置好线型，按"确定"按钮。

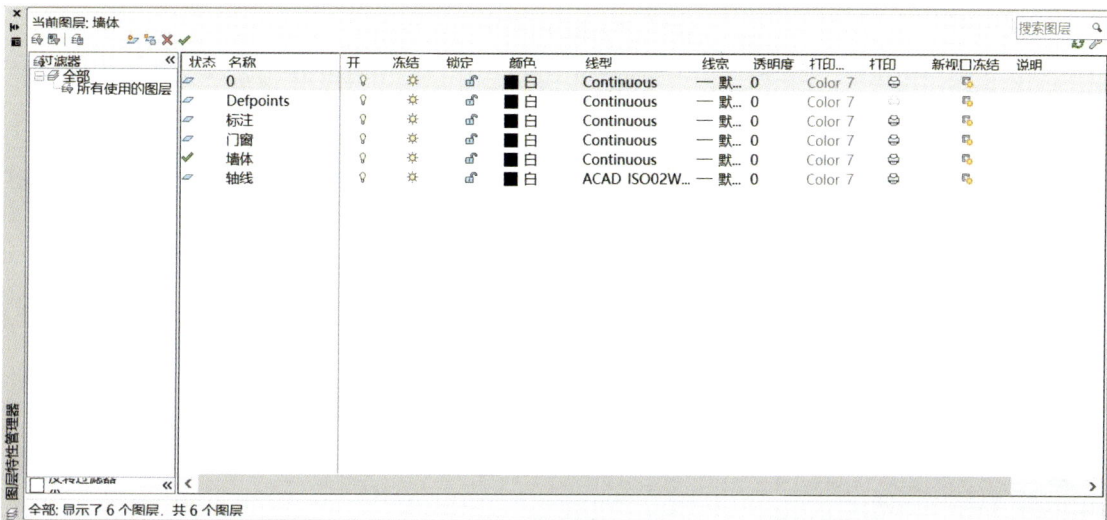

图4.6

（2）绘制轴线

轴线主要是作为墙体中心轴线，也为了方便接下来绘制墙体时作为参考线，提高绘图效率。

①设置当前图层和线型比例：在"图层"工具栏的图层下拉列表中，选择"轴线"，将"轴线"层设置为当前图层。

在"线型"工具栏的下拉列表中选择"其他"，开启线型管理器，将"全局比例因子"设置为50，如图 4.7 所示。

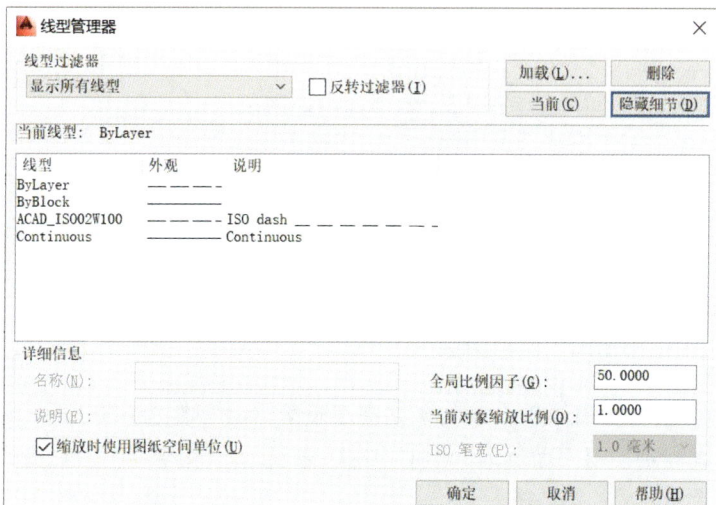

图4.7

②绘制横向轴线：打开正交功能，使用"直线"命令绘制横向轴线。

命令:L

指定第一点:在绘图区左上角处点击一点

指定下一点或[放弃(U)]:把十字光标向右移动,输入15920,按空格键结束命令操作。

使用"偏移"命令(或直接输入O)

命令:OFFSET

指定偏移距离或[通过(T)]<通过>:输入2200

选择要偏移的对象或<退出>:选择刚绘制好的第一条轴线

指定点以确定偏移所在一侧:用鼠标点击第一条轴线下方

用同样的方法作出依次向下偏移3800,4150 mm的平行线组,如图4.8所示。

③绘制纵向轴线:接下来用同样的方法绘制垂直方向的直线。单击"对象捕捉"按钮,在平行线的左端作一条垂直线,端点在最上与最下两条平行线之间,如图4.9所示。

图4.8

图4.9

然后,再用"偏移"命令作出依次向右偏移1800,6200,3000,3300,1620 mm的平行线组,如图4.10所示。

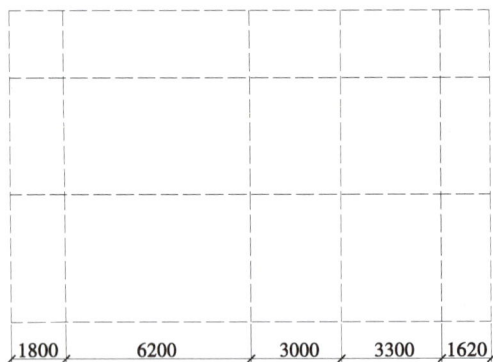
图4.10

(3)绘制墙体

①外墙线绘制:因为外墙厚360 mm,所以需要设置多线间距为360 mm。

在"图层"工具栏的图层下拉列表中,将"墙体"层设为当前层。

使用"多线"命令(或者直接输入ML)

命令:ML

当前设置:对正=上,比例=20.00,样式=STANDARD

指定起点或[对正(J)/比例(S)/样式(ST)]:输入J,回车

输入对正类型[上(T)/无(Z)/下(B)]<上>:输入Z,回车

指定起点或[对正(J)/比例(S)/样式(ST)]:输入S,回车

输入多线比例<20.00>:输入360,回车

当前设置:对正=无,比例=360.00,样式=STANDARD

指定起点或[对正(J)/比例(S)/样式(ST)]:捕捉右上角点作为基准点(图4.11)

指定下一点:对象捕捉轴线的下一个交点

指定下一点或[放弃(U)]:再依次捕捉剩下的轴线交点,直到最后一段

指定下一点或[闭合(C)/放弃(U)]:C,回车

完成几个位置的外墙绘制,如图4.12所示。

图4.11

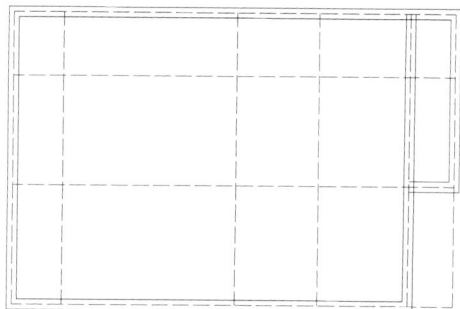

图4.12

②内墙线绘制:使用"多线"命令(或者直接输入ML)。

命令:ML

当前设置:对正=无,比例=360.00,样式=STANDARD

指定起点或[对正(J)/比例(S)/样式(ST)]:输入S,回车

输入多线比例<360.00>:输入240,回车

当前设置:对正=无,比例=240.00,样式=STANDARD

指定起点或[对正(J)/比例(S)/样式(ST)]:对象捕捉轴线的一个交点

指定下一点:对象捕捉轴线的另一个交点

依次完成几个位置的内墙绘制,如图4.13所示。

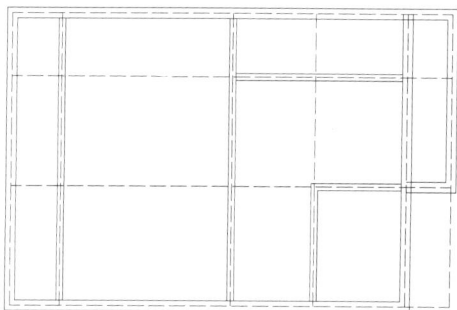

图4.13

③分解墙线,并对墙线进行修剪。

分解多线绘制的墙体。

命令：X

选择对象：窗口选择方式选择整个图形，按回车键，此时，所有的多线被分解为单一的直线对象。

对墙线进行修剪，在修剪之前，关闭轴线层。

命令：Tr

当前设置：投影＝UCS，边＝延伸

选择剪切边……选择对象或 ＜全部选择＞：直接按回车键，代表选中所有对象

选择要修剪的对象，或按住 Shift 键选择要延伸的对象，或[栏选(F)/窗交(C)/投影(P)/边(E)/删除(R)/放弃(U)]：左键点击需要剪切的部位，得到结果如图 4.14 所示。

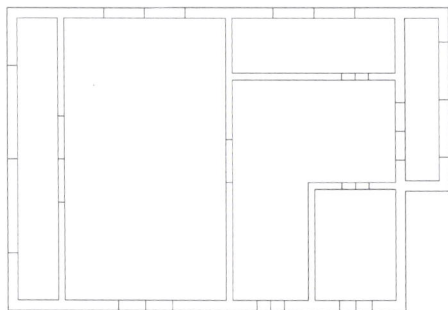

图 4.14   图 4.15

(4)修剪门窗洞

在每个门窗洞的位置，先绘制每个门窗洞的中线，按照门窗的尺寸，利用偏移命令，偏移出门窗的位置，如图 4.15 所示；再利用修剪命令，对门洞及窗洞进行修剪，如图 4.16 所示。

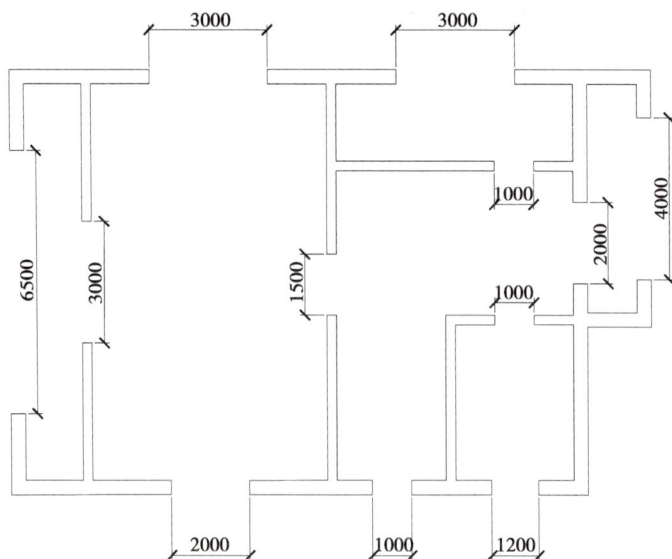

图 4.16

(5)绘制门窗

● 绘制门

①制作门图形。

将“门窗”层设为当前层，单击绘图工具栏中的“矩形”命令，操作如下：

命令：Rec

指定第一个角点或[倒角(C)/标高(E)/圆角(F)/厚度(D)/宽度(W)]：在图附近随机指定一点。

指定另一个角点或[面积(S)/尺寸(D)/旋转(R)]：输入@50,950，回车。

单击绘图工具栏中的“画圆”命令，打开“对象捕捉”，以矩形右底点为圆心，长边为半径画圆；以矩形右底点为起点画直线，所画的图形如图4.17所示。

单击修改工具栏中的“修剪”命令，剪除不需要的圆形部分，删除直线，得到门的图形，如图4.18所示。

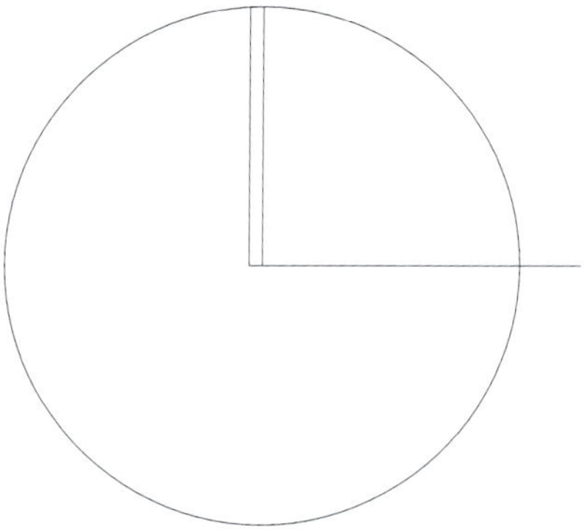

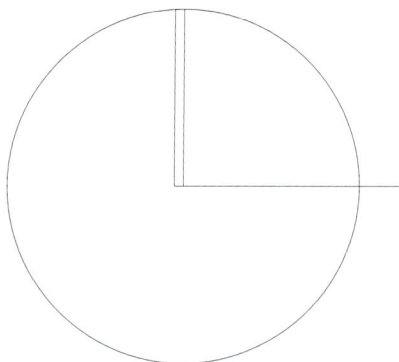

图4.17

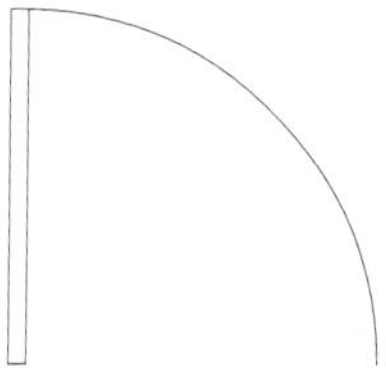

图4.18

②制作门图块。

单击绘图工具栏中的“内部块”命令，在出现的对话框中，命名块为“门”，选择绘制的“门”为选择对象，选择“门”左下角点为插入点，单击确定。设置如图4.19所示。

③插入门图块。

单击绘图工具栏中的“插入块”命令，在出现的对话框中，选择“门”图块，将旋转角度改为270，选择统一缩放比例为1.5，对话框设置如图4.20所示。插入的门如图4.21所示。依照此法将其他门插入，得到门总图结果如图4.22所示。

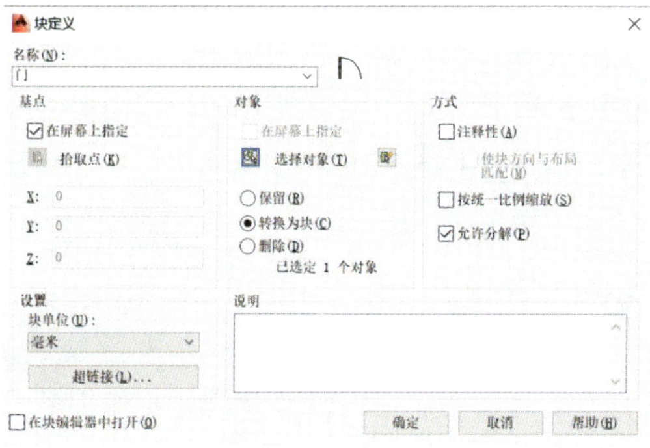

图4.19

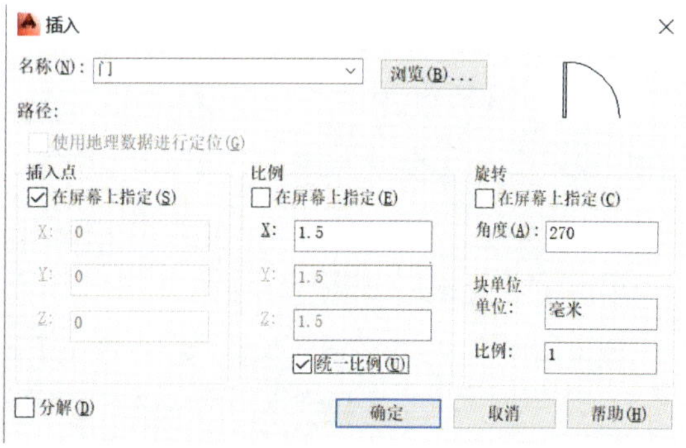

图4.20

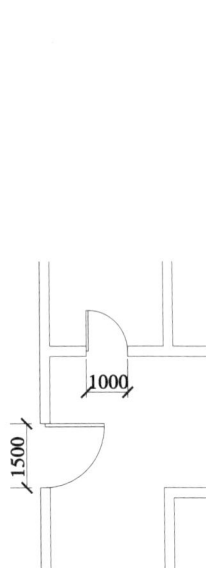

图4.21　　　　　　　　　　　　　　图4.22

> **注意：** 在插入图块时，需要根据插入的位置进行方向旋转，就此门图块而言，插入时旋转角度应为270°。如果是反向的门，需用镜像命令。
>
> 　图块的缩放比例，按照"1000∶实际门的宽度"计算，采用统一缩放比例。如实际门宽为1500，则比例应为1000∶1500＝1∶1.5，则需在X轴栏中输入1.5。

● 绘制窗

① 制作窗图形。

单击绘图工具栏中的"直线"命令，绘制长为1000 mm的线段，单击修改工具栏中的"偏移"命令，偏移出如图4.23所示窗线。

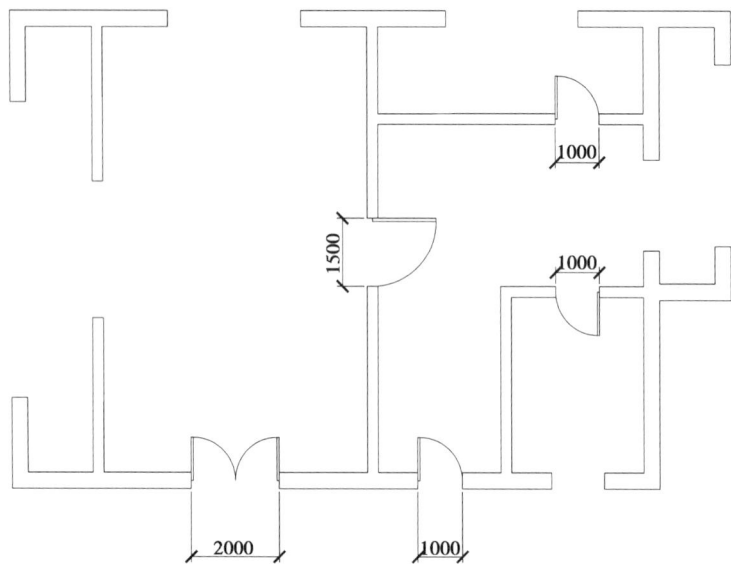

图4.23

② 制作窗图块。

单击绘图工具栏中的"内部块"命令，在出现的对话框中，命名块为"窗"，选择绘制的"窗"为选择对象，对象捕捉左边直线(作的辅助线)中点为插入点，单击确定，设置如图4.24所示。

③ 插入窗图块。

单击绘图工具栏中的"插入块"命令，在出现的对话框中，选择"窗"图块，将旋转角度改为90，X轴缩放比例为4，对话框设置如图4.25所示。插入的窗如图4.26所示。依照此法将其他窗插入,得到窗总图结果如图4.27所示。

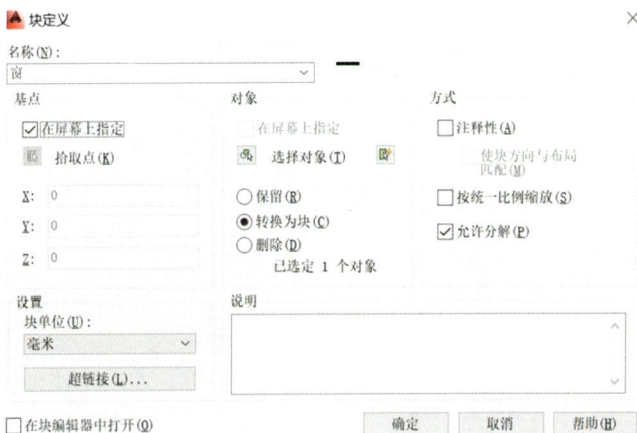

图4.24

图4.25

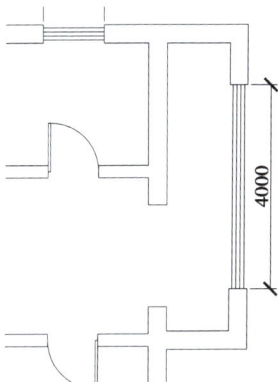

图4.26

注意: 在插入图块时,需要根据插入的位置进行方向旋转。就此窗图块而言,插入位置如果是垂直方向的窗子,那么插入时旋转角度应为90°。

图块的缩放比例,按照"1000:实际窗的宽度"计算,轴向按照图块的方向选择X、Y轴。如实际窗宽为4000,则比例应为1000:4000=1:4,图块需要水平缩放,则需在X轴栏中输入4。

按照这5步画完之后,办公楼图就绘制好了。

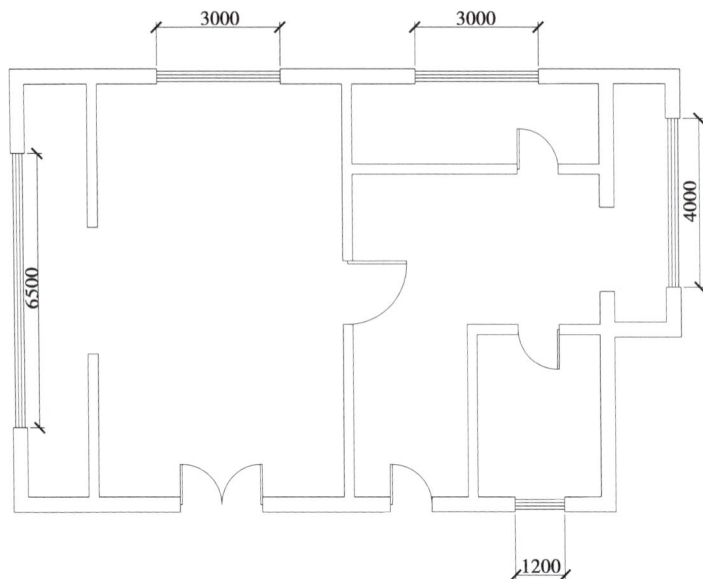

图 4.27

4.2 园林植物的绘制

植物是园林设计图纸中必不可少的组成部分,在园林应用中有乔木、灌木、竹类、藤本、水生植物、绿篱、色块、花卉等不同类型,这些植物图例的表达方式也各不相同。

4.2.1 树木的绘制表现

1)树木的平面表现

乔、灌木平面图例以树干位置为圆心、树冠平均半径为半径,选用细线作圆,再加以不同风格的修饰表现。圆心用圆点绘制,表示乔、灌木栽植的中心位置。

树木有针叶树和阔叶树,常绿树和落叶树之分,在表达时应该区别对待。

(1)针叶树的表现　针叶树的树冠外围线为锯齿形线或斜刺形线,如图 4.28 所示。

(2)阔叶树的表现　阔叶树的树冠外围线为圆形或裂形线,如图 4.29 所示。

(3)常绿树和落叶树的表现　常绿树和落叶树在区别时可以通过颜色的处理进行表现。常绿树通常用深绿或浅绿色表示,如广玉兰用深绿色,香樟用浅绿色;落叶树色彩可以丰富一些,可以用该图例所代表的植物叶子或花的颜色来进行表现,如银杏可以用黄色,红叶李可以用紫红色。

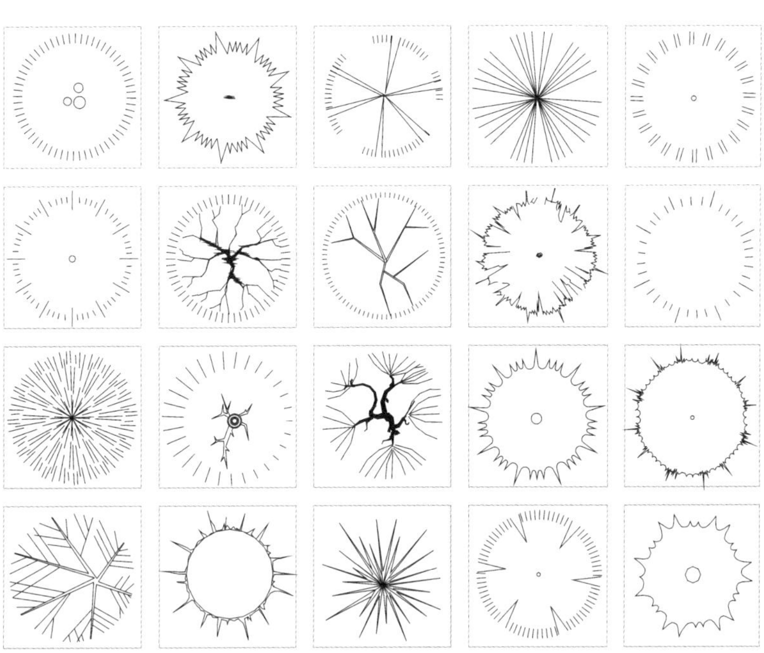

图 4.28

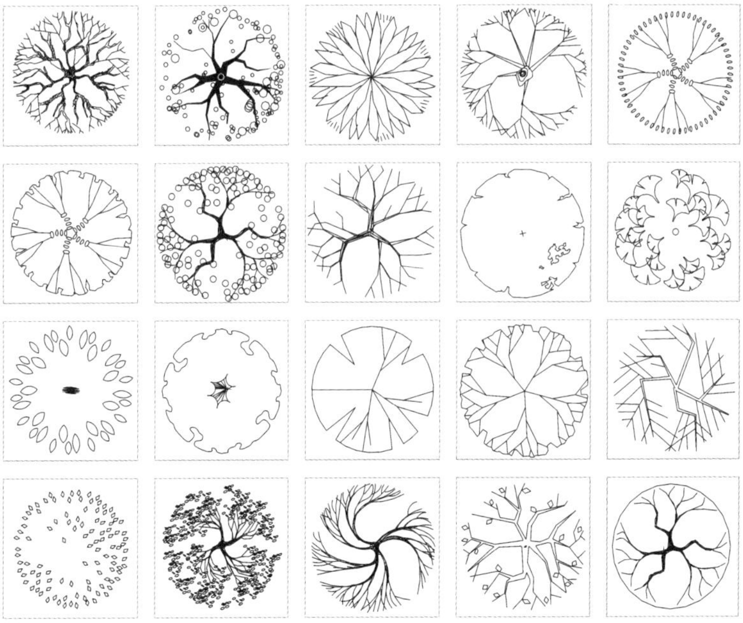

图 4.29

2）树木的立面表现

树木立面的表现画法是要根据树木的高度和冠幅定出树的高宽比,然后结合树形特征定出树的大体轮廓,主要分树冠形态和枝干形态两种进行表现,图 4.30 选了 20 种不同树冠和枝干形态的植物立面。

图 4.30

4.2.2 AutoCAD 相关命令：图块的使用

图块是由一个乃至多个图形对象组成的具有特定名称，并可以赋予属性的整体。打开本项目后配套素材源文件光盘项目 4 文件夹中"植物平面图例"和"植物立面图例"文件可以查看，每一幅植物图案都是由若干条线构成，但是每一幅植物图案都是一个完整的对象，这是因为这些图形都被创建成了图块。图块被定义后，就可以在不同的绘图文件里反复调用它。

1）图块的作用

①建立图形库。把经常要使用的图形做成图块，建立图形库，可以避免大量重复性绘图工作。园林设计图中常用的图块包括树木平面图案和一些通用图形（例如篮球场、网球场）、铺地图案、模纹花坛图案、图框、指北针及小品等。

②减小绘图文件的大小。把复杂的图形做成图块，等于把本来很多的对象变成了一个对象，这样可以使文件的存储容量减小。定义的图块越复杂，反复使用的次数越多，越能体现出它的优越性。

③便于修改和重新定义。图块可以被分解为分散的对象，分散的对象又可以被编辑。如果我们需要，可以重新定义图块（改变图块的形状，但不改变图块名），并重新插入到绘图文件中，图中所有引用该图块的地方都会自动更新。

④定义和提取属性。图块可以带有文字信息，称为属性，图块的属性可以设为显示或隐藏。可以把图块的属性提取出来，传送给外部数据库进行管理。例如定义一种树木的图块时，可以把这种树的某些特性（如高度、冠幅、胸径等）作为属性赋予图块，当需要查看这种树的某些特性时就可以直接提取出来。

2) 创建图块

在使用图块之前必须先创建图块。CAD 软件提供了两种制作图块的方法,即"内部块"和"外部块",图形库一般为外部块。

(1) 内部块(Block)

①命令执行方式。

菜单栏:绘图→块→创建

工具栏:🔳

命令行:B

②操作命令内容。

命令:执行上述方式之一,系统将弹出"块定义"对话框,如图4.31所示。

③选项说明。

名称——输入要创建的图块名称。

拾取点——指定图块的插入基点,即在插入块时作为插入的基准点,所以一定要选择便于捕捉的点。可以单击"拾取点",进入绘图状态,同时命令区出现提示"指定插入点",在图上指定图块的插入点或进行坐标输入来确定插入点。

选择对象——进入绘图状态,允许用户选择新块中要包含的对象。完成对象选择后,按回车键重新显示"块定义"对话框。

保留——创建块以后,将选定对象保留在图形中作为区别对象。

转换为块——创建块以后,将选定对象转换成图形中的块实例。

删除——创建块以后,从图形中删除选定的对象。

(2) 外部块(WBlock)

①命令执行方式。

命令行:W

②操作命令内容。

命令:执行上述方式之一,系统将弹出"写块"对话框,如图4.32所示。

图4.31

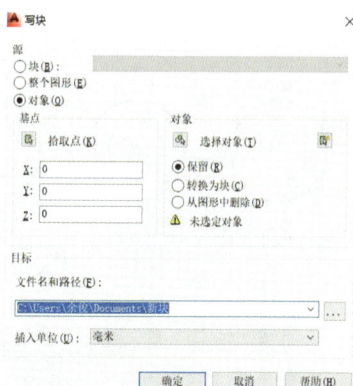

图4.32

③选项说明。

源——选定对象或块,作为制作外部块的来源。

块——选择该项后,从右侧的下拉列表中选择已经定义好的内部块名称,作为制作外部块的来源。

    整个图形——选择当前整张图形作为一个独立块,文件的名称可在下面的"文件名和路径"中指定。

    对象——选择当前图形中的部分图形元素作为一个独立块,文件的名称可在下面的"文件名和路径"中指定。

    基点和对象——在选择"块"和"整个图形"形式定义图块来源时,"基点"和"对象"两个文本框是不可选的,只有选择"对象"定义图块来源时,"基点和对象"两个文本框才可以操作,操作方法与 Block 命令完全相同。

    文件名和路径——输入要创建的外部图块名称和保存的路径。

> **注意:**Block 命令与 WBlock 命令的主要区别是保存形式不同。Block 命令创建的是内部块,存储在创建图块所在的图形中,只能在当前图形中被使用;而 WBlock 命令创建的是外部块,是作为一独立图形文件保存的,主要用来创建图形库,可被任何图形文件调用。

[课堂实训]

    以"垂丝海棠"图块创建为例,完成下面植物图例的绘制,如图 4.33 所示。

    "垂丝海棠"图块制作步骤如图 4.34 所示。

植物平面绘制

| 水杉 | 垂柳 | 桂花 | 合欢 | 小叶女贞 |

| 鸡爪槭 | 碧桃 | 垂丝海棠 | 茶梅 | 梅花 |

图 4.33

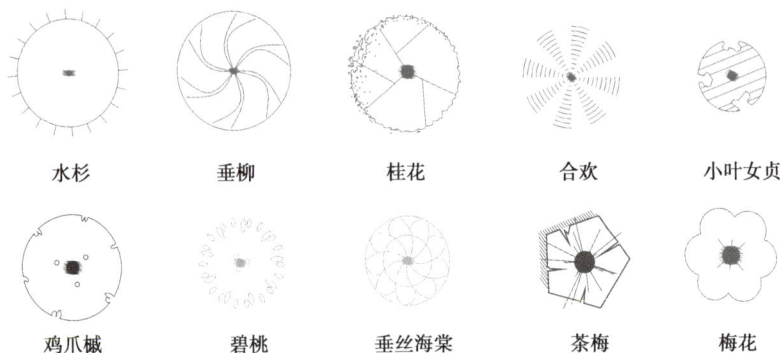

(a)   (b)   (c)   (d)   (e)   (f)   (g)

图 4.34

    ①创建"植物"层,将"植物"层设为当前层。

    ②使用画"圆"的命令,在场地空白处绘制一个如图 4.34(a)的适当大小的圆(适当大小是指所绘制出的植物图例与该种植物的冠幅大小基本相符)。

    ③再次使用画"圆"的命令,作图 4.34(b)中圆的两个同心圆,小圆半径大小与该植物胸径大小基本相符。

    ④使用"圆弧"命令,以圆心为起点,绘制一条圆弧,圆弧另一端与大圆相交,如图 4.34(c)

所示。

⑤用窗口方式选择上一步所绘制的圆弧,使用环形阵列命令,单击"拾取中心点"按钮,对象捕捉圆心,在"项目总数"栏中输入9,在"填充角度"栏中输入360,然后单击"确定"按钮结束命令。阵列结果如图4.34(d)所示。

⑥用"圆弧"命令,再绘制一条圆弧,一端与大圆相交,另一端交于另一条圆弧的约1/3处,如图4.35所示。

图4.35

⑦用窗口方式选择刚绘制的圆弧,使用环形阵列命令,单击"拾取中心点"按钮,对象捕捉圆心,在"项目总数"栏中输入9,在"填充角度"栏中输入360,然后单击"确定"按钮结束命令。阵列结果如图4.34(f)所示。

⑧用"填充"命令,单击"选择对象"按钮,选择小圆,在"填充图案"栏中选择"SOLID",在"样例"栏选择所需的颜色,然后单击"确定"按钮结束命令。填充效果如图4.34(g)所示。

⑨使用Block绘制内部块命令,打开"块定义"对话框。在该对话框的"名称"栏中输入"垂丝海棠",单击"拾取点"按钮,对象捕捉圆心,然后单击"选择对象",进入图形窗口后选择构成垂丝海棠图例的全部对象并回车,返回对话框后,按"确定"将图例创建为块。

3)插入图块(Insert)

创建图块的目的就是插入使用,可以根据需要在图形中多次插入图块。

(1)命令执行方式

菜单栏:插入→块

工具栏:

命令行:I

(2)操作命令内容

命令:执行上述方式之一,系统将弹出"插入"对话框,如图4.36所示。

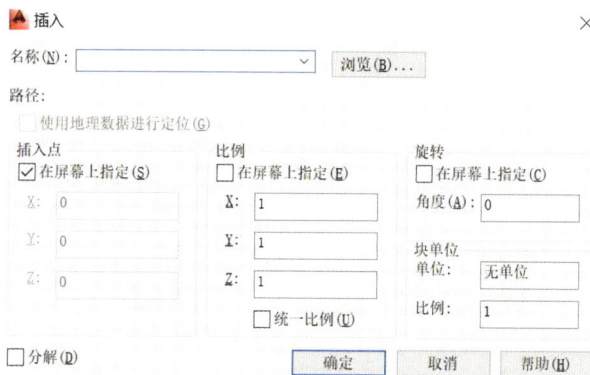

图4.36

(3)选项说明

名称——指定要插入图块的名称或要作为块插入的文件的名称。用户可以从"名称"下拉表中选择,也可以通过"浏览"打开"选择图形文件"对话框,从中选择要插入的块或图形文件。

插入点——指定块的插入点。

在屏幕上指定——移动鼠标在屏幕上指定块的插入点。

坐标输入法——在文本输入框中输入坐标值来指定插入点。

比例——指定插入块的缩放比例。

在屏幕上指定——在屏幕状态,系统会提示用户输入 X、Y、Z 比例因子。如果 X、Y、Z 比例因子输入不同值的话,会出现变形物体。

统一比例——为 X、Y、Z 坐标指定单一的比例值。

旋转——指定插入块的旋转角度有两种方法。

在屏幕上指定——用定点设备指定块的旋转角度。

角度——设置插入块的旋转角度。

分解——分解块并插入该块的各个部分。选定"分解"时,只可以指定统一比例因子。

> **注意:** 插入图块时,图块中位于 0 图层上的图形实体将被绘制在当前的图层上,并改变成当前图层的设置,即颜色、线型按当前图层绘出。图块中位于其他图层上的实体仍按原来的图层绘出。当前图形中如果有与图块同名的图层,那么图块中该层的内容将被包含在与当前图形中同名的图层里,并改变成当前图层的设置;如果当前图形与图块有不同名的图层,那么图块中的图层将被加到当前图形的图层中。

4)更新块定义

在绘图过程中,如果觉得当前绘图文件中的图块图形不合适,可以采用更新块定义的方法来修改,这样做的好处是图中所有使用该块的地方都会被更新。

①explode 命令分解原图块,使之成为独立对象。

②编辑修改原图形。

③用 Block 命令重新定义块,并采用与原来相同的名称。

④完成该命令后会弹出如图 4.37 所示的警告,单击"是",块就被更新。

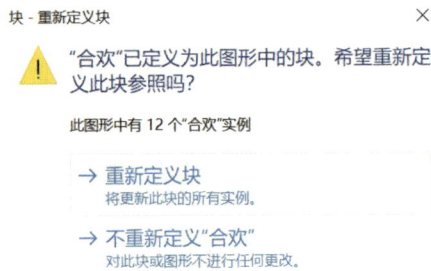

块 - 重新定义块   ✕

⚠ "合欢"已定义为此图形中的块。希望重新定义此块参照吗?

此图形中有 12 个"合欢"实例

→ **重新定义块**
将更新此块的所有实例。

→ **不重新定义"合欢"**
对此块或图形不进行任何更改。

图 4.37

[课堂实训]

如图 4.38 所示,图块名称为"合欢",按园林植物的排列方法复制了多个,且大小不等,要求用图 4.39 中的图案一次性替换掉合欢图案。

①选择其中的一幅合欢图案,使用 explode 命令分解原图块。

②把该图案进行修改,修改成图 4.39 的图案。

③使用 Block 命令重新定义块,在对话框的"名称"栏中仍然输入"合欢",单击"拾取点"按钮,对象捕捉圆心,然后点击"选择对象",选择构成图 4.39 图案的全部对象并回车,在弹出的对话框中单击"是",所有的图形就被替换了,如图 4.40 所示。大家可以看到,新的图案的位置、大小和原来的图案完全一致。

5)定义图块属性

图块的一大作用是可以给图块定义和提取属性。图块的属性是附着于块上的文字,可以控

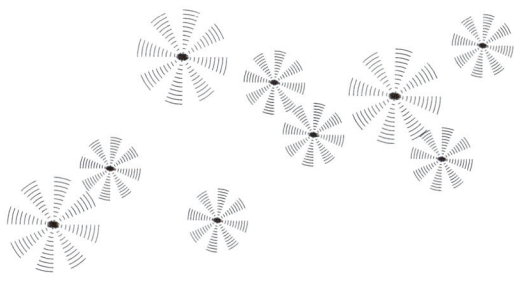

图4.38　　　　　　　　　　　　　　　　　图4.39

制它显示或隐藏。属性分为两种:一种是固定值的属性,这种属性每次在绘图文件中插入块时都按预设的值跟着插入;另一种是可变属性,当用户在绘图文件中插入带有可变属性的块时,命令行会提示要求用户输入属性的值。

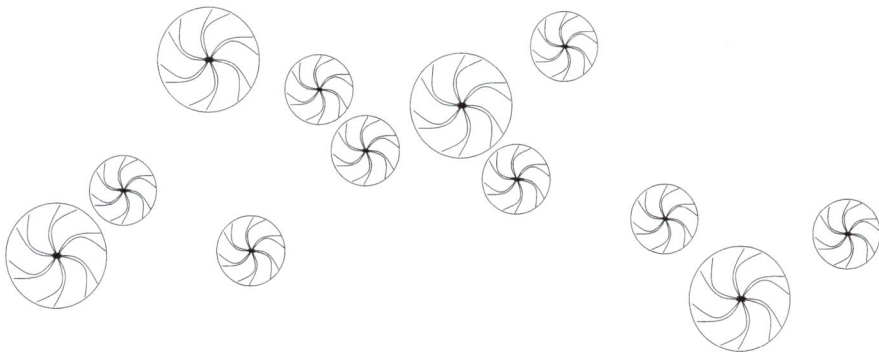

图4.40

　　块属性在园林设计绘图中的应用实例是,我们在定义树木图块时,可以把树木的高度、冠幅、胸径等规格作为属性附着在图块上,当要统计数目清单时,可以提取属性值出来处理,在实际工作中可以给后期统计工作带来极大的便利。

[课堂实训]

　　如图4.41所示,给提供的"垂柳"图案定义冠幅、胸径、高度3个文字属性,胸径数据是14～16 cm,冠幅数据是2.5～3.5 m,高度数据是2.5～3 m。

　　命令:Attdef(Att)

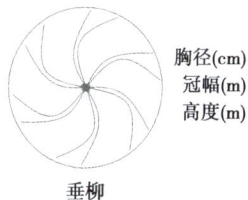

胸径(cm)
冠幅(m)
高度(m)

垂柳

图4.41

　　①执行命令后,系统将弹出"属性定义"对话框。由于第一个定义的属性是"胸径",数据是固定值,所以在对话框中勾选"固定";在"标记"中输入"胸径(cm)";在"默认"中输入"14－16";在"文字样式"中选取"standard";在"文字高度"中输入字高"300",如图4.42所示,再单击"确定",在图形窗口中将"胸径(cm)"放在"垂柳"图案右侧。

　　②再次使用Attdef命令,弹出对话框,在"标记"中输入"冠幅(m)";在"默认"中输入"2.5－3.5";将"在上一个属性定义下对齐"前方框勾选,如图4.43所示,再单击"确定"。

　　③再次使用Attdef命令,弹出对话框,设置如图4.44所示,再单击"确定"。

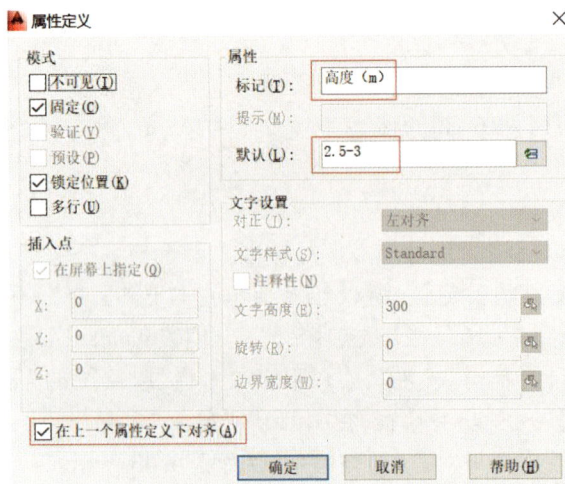

图 4.42

图 4.43

图 4.44

最后得到的结果图案如图4.41所示。

④使用 Block 命令定义块,在对话框的"名称"栏中输入"垂柳",单击"拾取点"按钮,对象捕捉圆心,然后点击"选择对象",选择构成图4.41 图案的全部对象并回车,再单击"确定",得到如图4.45 所示带有文字属性的图块。

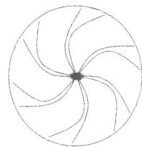

14–16
2.5–3.5
2.5–3

图4.45

6)编辑图块属性及控制属性的可见性

在绘图文件中插入了带属性的图块以后,还可以修改属性值,并可控制属性的可见性。编辑命令的调用方法:

菜单栏:修改→对象→属性→块属性管理器。

执行命令后,系统将打开如图4.46 所示的"块属性管理器"对话框。

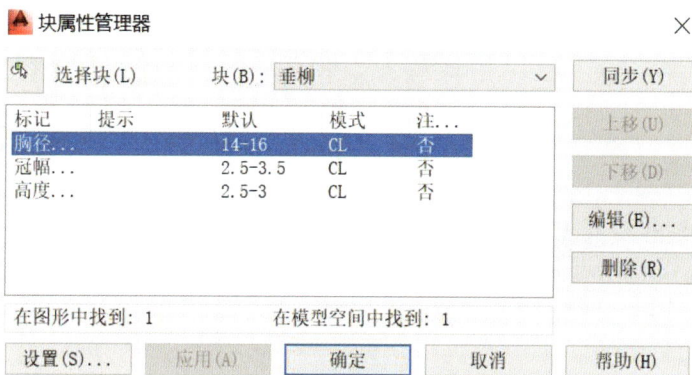

图4.46

选择"垂柳"图块的"高度"属性,单击"编辑"按钮,弹出"编辑属性"对话框,在对话框中勾选"不可见",如图4.47 所示,再单击"确定",回到"块属性管理器"对话框。

再按照上面同样的操作,将"冠幅"和"胸径"选项也改为"不可见"状态,然后单击"确定",得到图4.48。

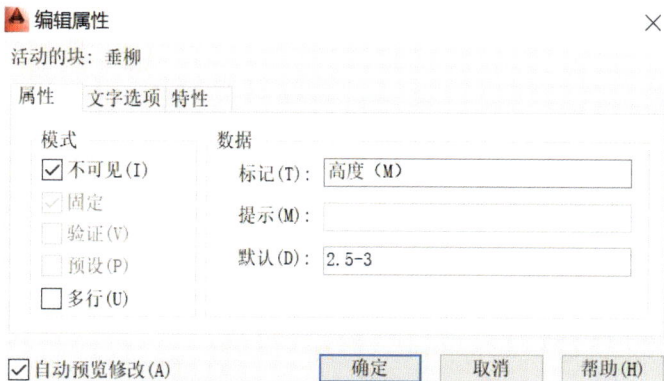

图4.47　　　　　　　　　　　　　图4.48

对于植物图块,一般设置属性为不可见,因为园林设计平面图中往往有很多排列得很紧密的树木图块,若都显示属性,图面就会很混乱,所以最好在定义属性的时候就将它设为不可见,否则后期修改属性的工作量会很大。

4.2.3 树林的绘制表现

树林的平面表现

　　树林状态的乔灌木平面只勾绘林缘线。树林有疏林和密林之分,阔叶林与针叶林之分,常绿林与落叶林之分,都要区分表现。

　　(1)疏林和密林的表现形式　密林不留空隙,而疏林图例中要留有一定空隙,如图4.49所示。

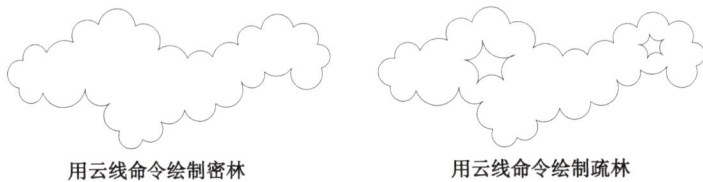

　　　　用云线命令绘制密林　　　　　　　　　用云线命令绘制疏林

图4.49

　　(2)阔叶林和针叶林的表现形式　阔叶林图例边缘是平滑的弧形,而针叶林边缘带有锯齿,如图4.50所示。

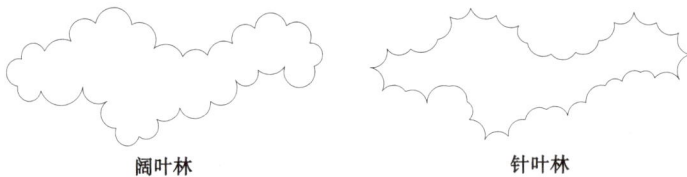

　　　　　　阔叶林　　　　　　　　　　　　　针叶林

图4.50

　　(3)落叶林和常绿林的表现形式　落叶林图例内部是空的,而常绿林内部是成排的45°斜直线,如图4.51所示。

　　　　　　落叶林　　　　　　　　　　　　　常绿林

图4.51

4.2.4 相关知识:云线命令(Revcloud)

　　云线命令被广泛应用于植物种植图中片状种植绘制。

　　①命令执行方式。

　　菜单栏:绘图→修订云线。

　　工具栏:🌀

命令行:Revcloud

②操作命令内容

命令:执行上述方式之一

最小弧长:0.5000　　最大弧长:0.5000　　样式:普通

指定起点或［弧长(A)/对象(O)/样式(S)］＜对象＞:

沿云线路径引导十字光标……

反转方向［是(Y)/否(N)］＜否＞:

修订云线完成。

③选项说明

弧长(A)——指定云线的最小弧长和最大弧长。最大弧长不能超过最小弧长的3倍。

对象(O)——选择要修订的云线对象。

反转方向——"Y"则云线原先每段圆弧的方向均被反转;"N"则没有变化。

样式(S)——分普通和手绘两种样式,手绘样式能绘制宽度不等的圆弧。

[课堂实训]

绘制图4.49、图4.50所示的密林、疏林、针叶林。

①绘制密林

命令:Revcloud

最小弧长:0.5000　　最大弧长:0.5000　　样式:普通。

指定起点或［弧长(A)/对象(O)/样式(S)］＜对象＞:输入A,回车。

指定最小弧长＜0.5000＞:输入10,回车。

指定最小弧长＜0.5000＞:输入10,回车。

指定起点或［弧长(A)/对象(O)/样式(S)］＜对象＞:随机在屏幕上指定一点作为云线起点。

沿云线路径引导十字光标……此时不用点击鼠标左键,只需利用光标引导方向。(按照图示的对象进行云线引导)

修订云线完成。此时,密林图案就绘制好了。

②在密林图案的内部继续绘制疏林图案。

命令:Revcloud

最小弧长:10　　最大弧长:10　　样式:普通。

指定起点或［弧长(A)/对象(O)/样式(S)］＜对象＞:在密林图案内部合适位置指定一点作为云线起点,完成如图4.52所示的图案。

然后使用"反转选项"来完成疏林图案。

命令:Revcloud

最小弧长:10　　最大弧长:10　　样式:普通。

指定起点或［弧长(A)/对象(O)/样式(S)］＜对象＞:输入O,回车。

选择对象:选择如图4.52所示的图案。

反转方向［是(Y)/否(N)］＜否＞:输入Y,回车。

修订云线完成。

图4.52

此时图 4.53 所示的图案就绘制好了。同理,完成疏林图案。

③将密林图案进行修改,修改成针叶林图案。

命令:Revcloud

最小弧长:10　最大弧长:10　样式:普通。

指定起点或[弧长(A)/对象(O)/样式(S)] <对象>:输入 O,回车。

选择对象:选择密林图案。

反转方向 [是(Y)/否(N)] <否>:输入 Y,回车。

修订云线完成。此时针叶林图案就绘制好了,如图 4.50 所示。

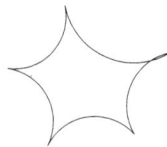

图 4.53

4.2.5　竹类的绘制表现

竹类在园林应用中往往成片栽植,先用云线绘制种植区域,再绘制单株竹,做成图块,然后再随机复制多个。平面表现如图 4.54 所示,立面形态如图 4.30 所示。

图 4.54

4.2.6　藤本、灌木色块、花卉、水生植物的绘制表现

1)藤本、灌木色块、花卉、水生植物的平面表现

藤本、灌木色块、花卉、水生植物的绘制表现主要以细线勾绘植物的栽植范围来表示,主要分为自然式或规则式两种表现方式。

藤本(图 4.55)、水生植物(图 4.56)多采用自由曲线表现方式,使用样条曲线命令绘制种植区域,再使用图案填充命令填充一种图案表示植物区分。

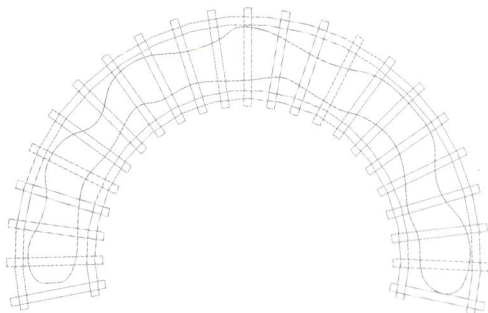

图 4.55

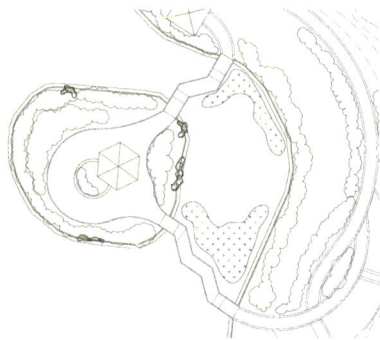

图 4.56

灌木色块、花卉植物多采用具有优美形状的规则曲线表现方式,使用样条曲线和云线命令绘制,如图 4.57 所示。

2)藤本、灌木色块、花卉、水生植物的立面表现

藤本、灌木色块、花卉、水生植物的立面表现一般也是采用轮廓勾勒和质感表现的方式,如图 4.58 所示。

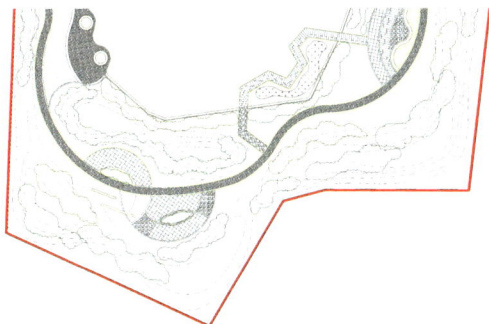

图 4.57

图 4.58

4.2.7　相关知识：样条曲线(Spline)

样条曲线广泛应用于曲线绘制,在园林图中经常用来绘制水生植物、水岸线、园路和等高线,其中园路和等高线绘制在后面章节还有阐述。

①命令执行方式。

菜单栏:绘图→样条曲线

工具栏:～

命令行:Spl

②操作命令内容

命令:执行上述方式之一

当前设置:方式＝拟合　节点＝弦

指定第一个点或［方式(M)/节点(K)/对象(O)］：

输入下一个点或［起点切向(T)/公差(L)］：

输入下一个点或［端点相切(T)/公差(L)/放弃(U)］：

③选项说明

方式(M)——控制是使用拟合点还是使用控制点来创建样条曲线。

节点(K)——指定节点参数化,它会影响曲线在通过拟合点时的形状。

对象(O)——将二维或三维的二次或三次样条曲线拟合多段线转换为等价的样条曲线,然后删除该多段线。

起点切向(T)——基于切向创建样条曲线。

公差(L)——指定距样条曲线必须经过的指定拟合点的距离。公差应用于除起点和端点外的所有拟合点。

端点相切(T)——停止基于切向创建曲线。可通过指定拟合点继续创建样条曲线。选择"端点相切"后,将提示指定最后一个输入拟合点的最后一个切点。

闭合(C)——将最后一点定义为第一点一致,并使它在连接处相切,这样可以闭合样条曲线。

◆注意:用鼠标绘制优美的样条曲线,关键在于夹点数量的控制,夹点太多或太少,曲线的曲率都难以控制,如图4.59所示。

夹点数量适中　　　　　　夹点过多　　　　　　夹点过少

图4.59

[课堂实训]

绘制如图4.60所示的"水生鸢尾"色块图案。

①命令:Spl

②指定第一个点或[对象(O)]:按如图4.60所示,绘制夹点。

③指定下一点:按如图4.60所示,绘制夹点。

④指定下一点或[闭合(C)/拟合公差(F)] <起点切向>:按如图4.60所示,绘制夹点,直至结束。

⑤指定起点切向:在屏幕上指定适宜的起点切线方向。

⑥指定端点切向:在屏幕上指定适宜的端点切线方向。

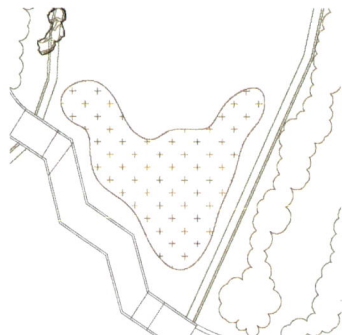

图4.60

4.2.8　绿篱的绘制表现

绿篱在园林应用时有自然式绿篱和整形绿篱,以细线勾绘绿篱的栽植范围、栽植宽度、生长高度,以轮廓线内的质感纹理填充表现绿篱植物的形态特性,如图4.61所示。

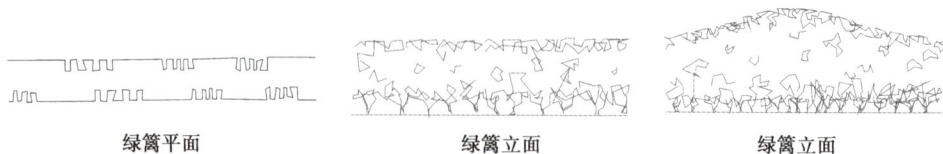

绿篱平面　　　　　　绿篱立面　　　　　　绿篱立面

图4.61

4.2.9　草坪的绘制表现

草地的表现多采用色彩和纹理质感配合,平面表现主要采用图案填充的方法表示,一般采用以下3种填充图案表示草坪,如图4.62所示。

DOTS　　　　GRASS　　　　AR_SAND

图4.62

4.3　山石和水岸线的绘制

"山为骨架,水是灵魂",山石和水岸线是园林设计图中经常要绘制的对象。

4.3.1　园林设计中常见的山石类型

1)园林山石的平面表现

山石的平面表现通常只用粗线条勾绘其外轮廓,然后在轮廓线内部用较细的线条勾绘石头纹理变化。但要注意由于景石的材质多种多样,所以在轮廓线和纹理线的绘制时,要采用不同的笔触和线条进行表现。

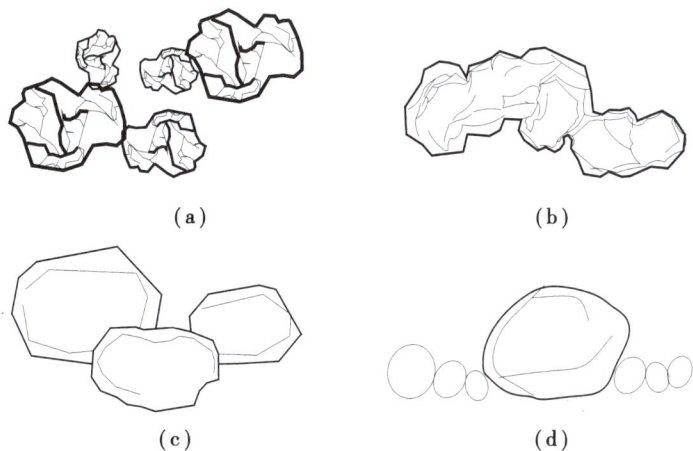

(a)　　　　　　　　　　　　(b)

(c)　　　　　　　　　　　　(d)

图4.63

(a)太湖石平面画法;(b)青石平面画法;(c)黄石平面画法;(d)河石平面画法

如图4.63所示,画太湖石多用曲线表现出其外形的自然曲折和内部的纹理、洞穴;画黄石多用直线和折线表现其外轮廓,内部纹理多以平直为主;画青石也是用直线和折线表现外轮廓,内部用折线表现纹理;画河石多用曲线表现其外轮廓,内部用少量曲线稍加修饰。

2）园林山石的立面表现

山石立面表现也要重点考虑轮廓线和纹理处理,如图4.64所示。

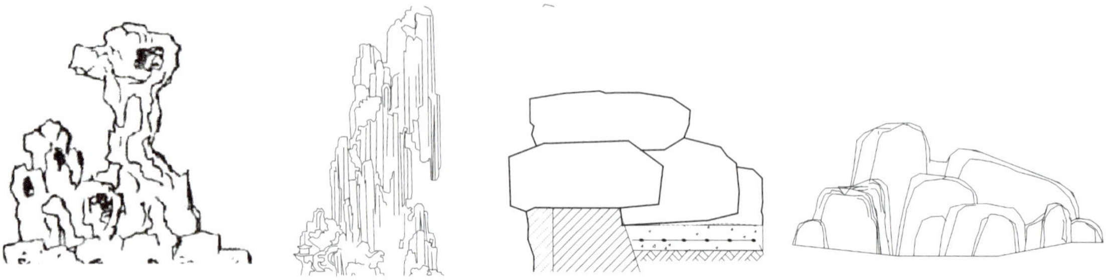

（a）   （b）   （c）   （d）

图4.64

（a）太湖石立面画法；（b）青石立面画法；（c）黄石立面画法；（d）河石立面画法

4.3.2　AutoCAD 相关命令：多段线的使用（Pline）

园林绘图中多段线命令用得非常多。由于多段线既可以绘制直线,又可以绘制曲线,而且绘制的线条具有宽度,是完整的对象,所以经常用于园林山石和驳岸线的绘制。

（1）命令执行方式

菜单栏:绘图→多段线

工具栏: ⟳

命令行:PL

（2）操作命令内容

命令:执行上述方式之一

指定起点:

当前线宽为 0.0000

指定下一个点或[圆弧（A）/半宽（H）/长度（L）/放弃（U）/宽度（W）]:

指定下一点或[圆弧（A）/闭合（C）/半宽（H）/长度（L）/放弃（U）/宽度（W）]:

（3）选项说明

指定下一点——按直线方式绘制多段线。

圆弧（A）——按圆弧方式绘制多段线,输入"A",系统会提示"指定圆弧的端点或[角度（A）/圆心（CE）/方向（D）/半宽（H）/直线（L）/半径（R）/第二个点（S）/放弃（U）/宽度（W）]:",参数如下:

角度（A）——指定圆弧的圆心角,逆时针方向为正值。

圆心（CE）——指定圆弧的圆心。

方向（D）——指定圆弧在起始点处的切线方向。

半宽（H）——指定圆弧宽度,即输入宽度的一半。

直线(L)——转换成绘制直线的方式。

半径(R)——指定圆弧的半径来绘制圆弧。

第二个点(S)——输入第二个点的坐标。

放弃(U)——取消上一次操作。

宽度(W)——指定圆弧宽度。

半宽(H)——输入多段线一半的宽度。在绘制多段线时,可以对每一段进行半宽设置。

长度(L)——输入直线的长度,其方向与前一段直线的方向相同或与前一段圆弧相切。

宽度(W)——输入多段线的宽度,系统会提示输入"指定起点宽度"和"指定终点宽度"。

> **注意**:使用"直线"命令绘制的图形,每一段直线都是独立存在的实体,可以单独进行编辑;而使用"多段线"命令绘制的图形,是作为一个整体出现的。由"直线"命令绘制的图形可以通过"Pedit"命令中的"合并 J"形成多段线,而由"多段线"命令绘制的图形也可以通过"Explode"命令分解成若干独立实体。因为"多段线"命令既可以随意绘制直线与圆弧,又可以任意改变宽度,还可以通过"Pedit"命令进行多种功能的编辑,从而备受广大用户的喜爱,因此建议初学者多加练习。

[课堂实训]

用多段线绘制图4.63(c)所示的黄石平面表现图(黄石尺寸:长为1000~1200 mm,宽为600~800 mm,A,B,C代表3块石头),如图4.65所示。

山石、水岸绘制

①命令:PL

指定起点:随机在绘图区点击一点作为起点。

当前线宽为0.0000。

指定下一个点或[圆弧(A)/半宽(H)/长度(L)/放弃(U)/宽度(W)]:输入W。

指定起点宽度 <0.0000>:10。

指定端点宽度 <10.0000>:10。

指定下一点或[圆弧(A)/闭合(C)/半宽(H)/长度(L)/放弃(U)/宽度(W)]:随机点击(形状与A石头类似即可),输入C闭合,完成A石头外轮廓线绘制。

图4.65

然后将多段线宽度改回为0,完成A石头内纹理线绘制。

②打开对象捕捉,按照同样的设置方法完成B石头的绘制,注意画B石头的起点需要捕捉A石头上的最近点。

③按照同样的设置方法完成C石头的绘制,注意画C石头的起点需要捕捉A石头上的最近点。

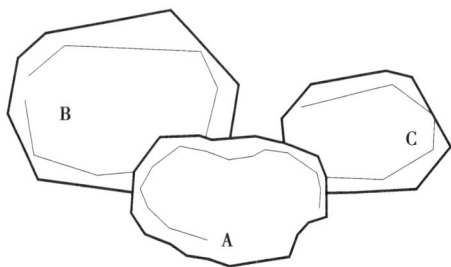

4.3.3　园林设计中水岸线的绘制表现

　　园林设计中驳岸线的表示方法最基本的是采用外粗内细的两条并行线表示,如图 4.66 所示。

　　自然水体驳岸线须用粗实线勾绘;在其内侧绘平行细线,表示正常水位线;必要时还可以继续在内侧依次绘制细线,用来表示池底线。另外,石头驳岸的轮廓线用折线表示,生态草坡的轮廓线用平滑曲线表示。规则式水池绘制时,以粗实线表示水池内壁,在其外侧绘以细实线表示池壁宽度。

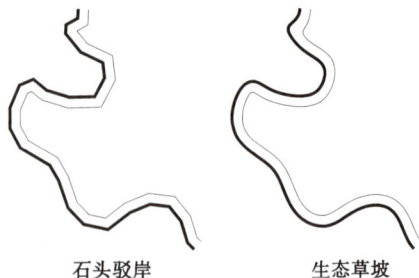

石头驳岸　　　　　生态草坡

图 4.66

4.3.4　相关知识:多段线编辑命令(Pedit)

　　园林绘图中多段线命令绘制的驳岸线完成后,还可以随时使用多段线编辑命令修改线条宽度。当设计方案上是生态草坡时,则需要使用多段线编辑中的"样条曲线化"选项将折线转化成平滑曲线。

　　(1)命令执行方式

　　菜单栏:修改→对象→多段线

　　工具栏:✍

　　命令行:Pe

　　(2)操作命令内容

　　命令:执行上述方式之一

　　选择多段线或[多条(M)]:

　　选定的对象不是多段线

　　是否将其转换为多段线? ＜Y＞

　　输入选项[闭合(C)/合并(J)/宽度(W)/编辑顶点(E)/拟合(F)/样条曲线(S)/非曲线化(D)/线型生成(L)/反转(R)/放弃(U)]:

　　输入选项[打开(O)/合并(J)/宽度(W)/编辑顶点(E)/拟合(F)/样条曲线(S)/非曲线化(D)/线型生成(L)/反转(R)/放弃(U)]:

　　(3)选项说明

　　选择多段线或[多条(M)]——选择想要编辑的多段线。输入"M",可以选择多条多段线进行编辑。注意,若选择的对象不是多段线,系统会提示"是否将其转换为多段线? ＜Y＞",输入"Y"则普通的线将转换成多段线。

　　闭合(C)——将多段线的首尾相连形成封闭图形。

　　合并(J)——将不封闭的多段线的端点相连成一条多段线。

　　宽度(W)——设置该多段线的全程宽度。

编辑顶点(E)——对多段线的各个顶点进行单独编辑。输入"E",系统会提示"输入顶点编辑选项[下一个(N)/上一个(P)/打断(B)/插入(I)/移动(M)/重生成(R)/拉直(S)/切向(T)/宽度(W)/退出(X)] <N>:"

下一个(N)——选择下一个顶点。

上一个(P)——选择上一个顶点。

打断(B)——删除顶点处的一段多段线,或将多段线一分为二。

插入(I)——在标记处插入一个顶点。

移动(M)——移动顶点到新的位置。

重生成(R)——重新生成多段线。

拉直(S)——删除所选顶点间的顶点,用一条直线代替。

切向(T)——在当前顶点标记处设置切线方向以控制切向拟合。

宽度(W)——设置每条独立线段的宽度。

退出(X)——退出顶点编辑。

拟合(F)——产生通过多段线各顶点彼此相切的光滑曲线。

样条曲线(S)——生成一条通过多段线首尾顶点的样条曲线,其形状、走向由其他顶点控制。

非曲线化(D)——取消拟合、样条曲线,返回商线状态。

线型生成(L)——控制多段线在顶点处的线型。

反转(R)——反转多段线顶点的顺序。使用此选项可反转使用包含文字线型的对象的方向。

[课堂实训]

用多段线绘制和编辑命令完成"某街道公园景观设计方案"中湖心岛生态草坡"驳岸线和水位线",如图4.67所示。

命令:PL

指定起点:随机在绘图区点击一点作为起点。

当前线宽为0.0000。

指定下一点或[圆弧(A)/闭合(C)/半宽(H)/长度(L)/放弃(U)/宽度(W)]:随机点击(形状与湖心岛驳岸线类似即可),输入C闭合,完成湖心岛驳岸线绘制。

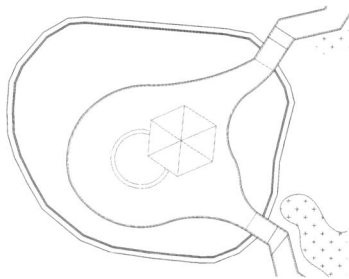

图4.67

使用偏移命令将驳岸线向内偏移400,得到水位线。

使用多段线编辑命令将驳岸线宽度改为100。

命令:Pe

选择多段线或[多条(M)]:选择驳岸线。

输入选项[打开(O)/合并(J)/宽度(W)/编辑顶点(E)/拟合(F)/样条曲线(S)/非曲线化(D)/线型生成(L)/反转(R)/放弃(U)]:输入W,回车。

指定所有线段的新宽度:输入100,回车。

于是,驳岸线就变成了宽度为100的粗实线。

使用多段线编辑命令将驳岸线和水位线折线变为平滑曲线。

命令:Pe

选择多段线或[多条(M)]:选择驳岸线。

输入选项[打开(O)/合并(J)/宽度(W)/编辑顶点(E)/拟合(F)/样条曲线(S)/非曲线化(D)/线型生成(L)/反转(R)/放弃(U)]:输入S,回车。

于是,驳岸线就变成了平滑曲线。同样的方法,将水位线变成平滑曲线。

4.4　等高线的绘制

园林地形的平面表示方法最常用的方法为等高线法,在CAD软件中多用样条曲线或多段线命令进行等高线绘制。

4.4.1　等高线法的原理

等高线法是以假想的一系列间距相等的水平面切割地形后获得的一系列交线的水平正投影来表示地形的方法。这一系列交线的水平正投影称为等高线,各个假想水平面之间相等的间距称为等高距,如图4.68所示。

4.4.2　等高线法的应用

（1）一般规定

以细实线绘制的等高线表示原地形,以细虚线绘制的等高线表示设计地形等高线。

（2）等高线的高程标注

最基本的高程标注通过等高线标注完成,高程数字标注写至小数点后第二位,如0.1。地形高程标注以"m"为统一单位,并且不需要注写单位。

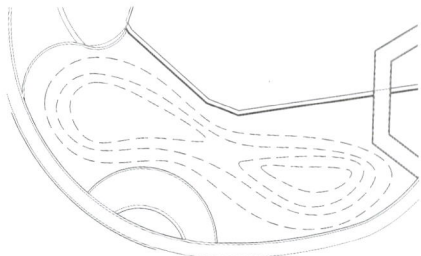

图4.68　等高线法原理图

图4.69

[课堂实训]

用样条曲线命令完成等高线设计,如图4.69所示。

①创建"等高线"图层,设置层线型为"DASHED2",将"等高线"层设置为当前图层。在"线型"工具栏的下拉列表中,选择"其他",开启线型管理器,将"全局比例因子"设置为200。

②绘制等高线。

命令：Spl

指定第一个点或［对象（O）］：按如图所示，形状相似即可，点击一点。

指定下一点：按如图所示，点击下一点。

指定下一点或［闭合（C）/拟合公差（F）］＜起点切向＞：按如图所示，绘制夹点，直至结束，输入 C，进行闭合。

指定起点切向：在屏幕上指定适宜的起点切线方向。

指定端点切向：在屏幕上指定适宜的端点切线方向。

按同样的方法完成其他两条等高线的绘制。

4.5　园林铺装的绘制

铺装绘制

4.5.1　园林铺装的绘制表现

园林设计中的铺装材料形式多样，如园路的铺装材料有花街铺地、鹅卵石路面、冰裂纹路面、青石路面、嵌草路面、木栈道等。如图4.70所示为某公园道路铺装方案图。

园林广场的铺装形式更加复杂，除了材料有花岗岩、大理石、火烧板、道板砖、耐火砖、预制砖等区别外，广场铺装的纹样图案和色彩更富于变化，如图4.71所示为某街道公园铺装施工图中的部分内容。

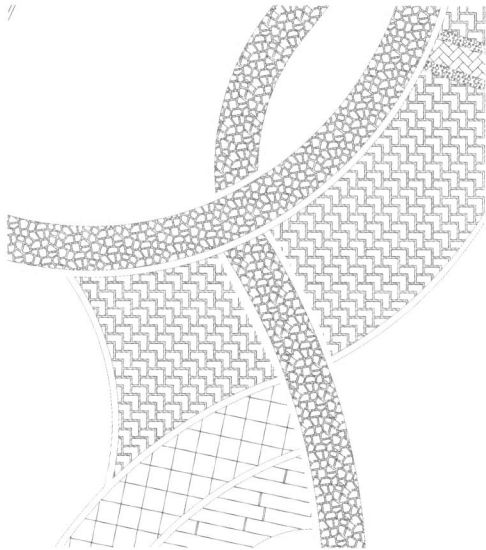

图4.70

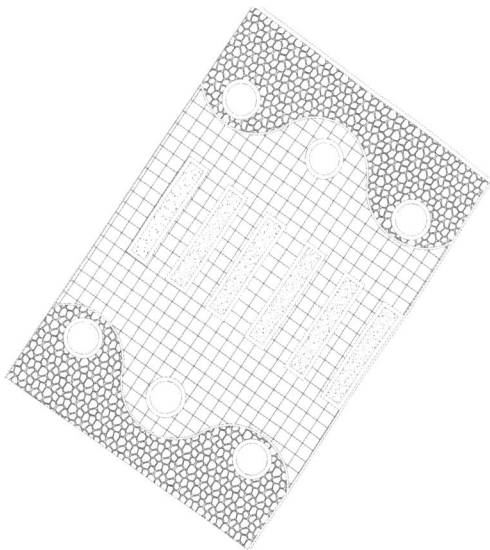

图4.71

4.5.2　相关命令：图案填充命令（Hatch）

园林设计图中铺装图案的绘制主要是通过图案填充命令来实现的。在绘制园林铺装时，我们可以在需要表现铺装的空白闭合区域,填充上相应的材料图案,丰富和美化图面效果,CAD软件提供了丰富的填充图案以及多种预定义图案。

(1)命令执行方式

菜单栏:绘图→图案填充

工具栏:▨

命令行:H

(2)操作命令内容

命令:执行上述方式之一,系统将弹出"图案填充和渐变色"对话框,如图4.72所示,该对话框包含"图案填充"和"渐变色"两个选项卡。

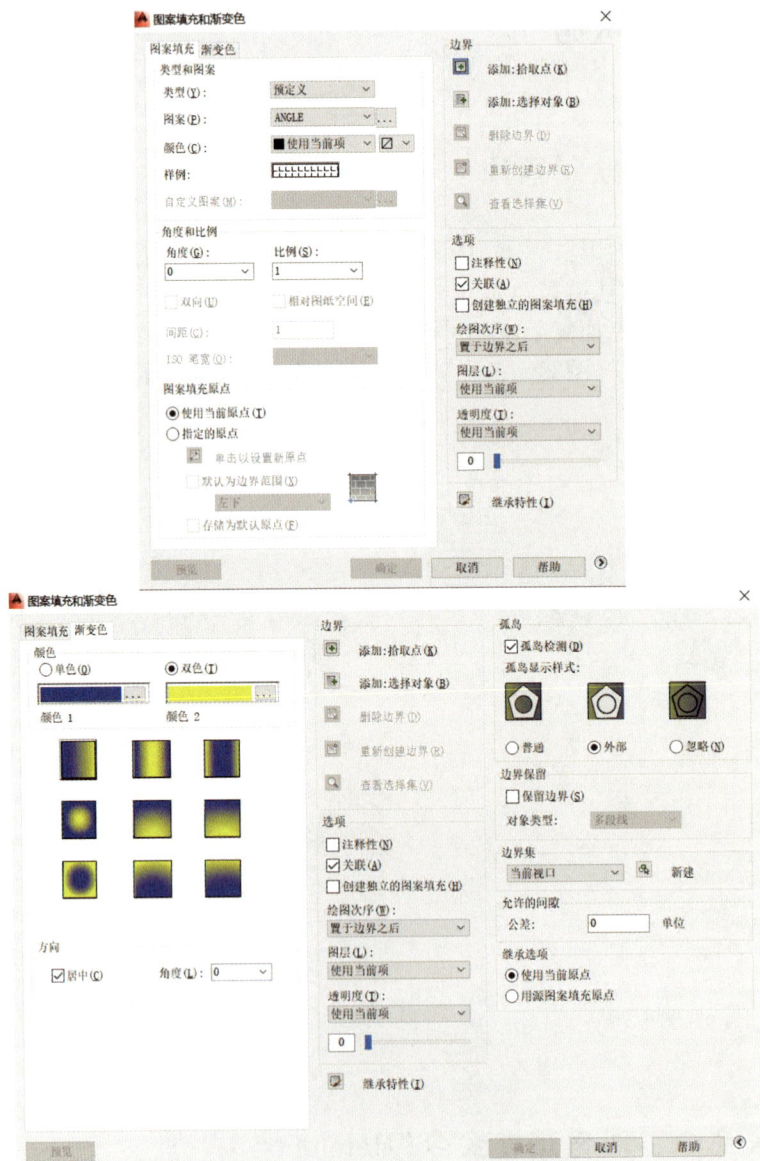

图4.72

（3）选项说明

类型——用于选择图案类型,各选项为:预定义、用户定义和自定义。

图案——显示当前填充图案名。

样例——显示当前填充图案。

角度——填充图案与水平方向的倾斜角度。

比例——填充图案的比例。

拾取点——用拾取点的方法确定填充边界。

选择对象——用选对象的方法确定填充边界。

删除孤岛——在拾取内点后,对封闭边界内检测到的孤岛予以忽略。

预览——预览填充结果,以便于及时调整修改。

继承特性——在图案填充时,通过继承选项,可选择图上一个已有的图案填充以继承它的图案类型和有关的特性设置。

"组合"选项组——规定了图案填充的"关联"和"不关联"两个性质。

1）AutoCAD 提供的图案类型

单击"图案"后面的"…"按钮,将弹出"填充图案选项板"选项卡,如图4.73所示,AutoCAD提供了下列3种图案类型:

图4.73

①"预定义"类型,采用系统预先定义的图案。

②"用户定义"类型,采用用户自己定义的图案。

③"自定义"类型,允许用户自定义图案数据。

2) 图案填充区边界的确定与孤岛检测

提示用户在图案填充边界内任选一点,系统按一定方式自动搜索,从而生成封闭边界。出现在填充区内的封闭边界,称为孤岛,它包括字符串的外框等。确定图案填充区的边界是进行正确图案填充的一个重要问题。

AutoCAD 规定只能在封闭边界内填充,封闭边界可以是圆、椭圆、闭合的多段线、样条曲线等。如图 4.74 所示,不存在封闭边界,因此不能完成填充。在图 4.75 中,其外轮廓线为 4 条直线段,首尾不相连,但可以在执行填充命令过程中,系统自动构造一条临时的闭合多段线边界,所以是可以填充的。

图 4.74   图 4.75

3) 图案填充角度和比例的设置

角度——指定填充图案的角度。同一图案可以选择不同角度进行填充,以得到不同的图面效果。图 4.76 中,选择的填充图案是"ANSI31",填充比例是 8,填充角度分别是 45°和 135°,45°得到的是垂直方向效果,135°得到的是水平方向效果。

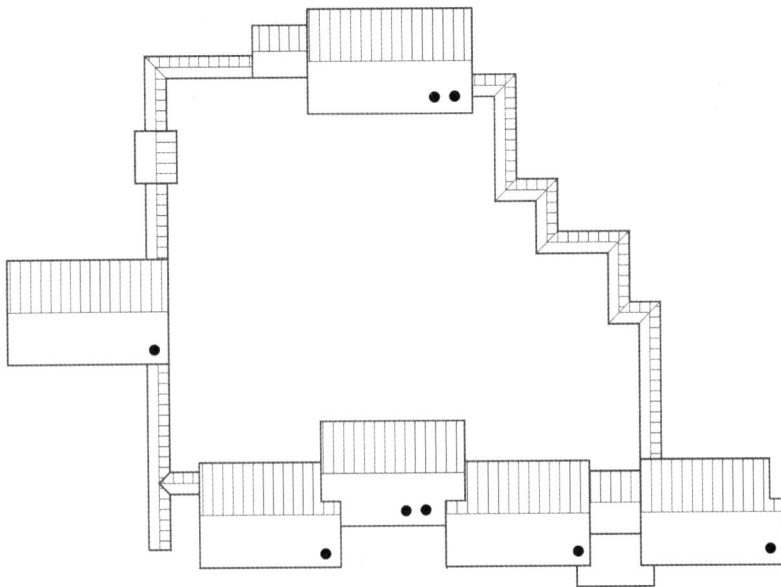

图 4.76

比例——指定填充图案的比例大小。在同一区域内，比例设置得越小，图案填充就越密集，但注意，比例过大或过小均无法完成图案填充。图4.77中，将填充比例改为16，得到不同比例的填充效果。

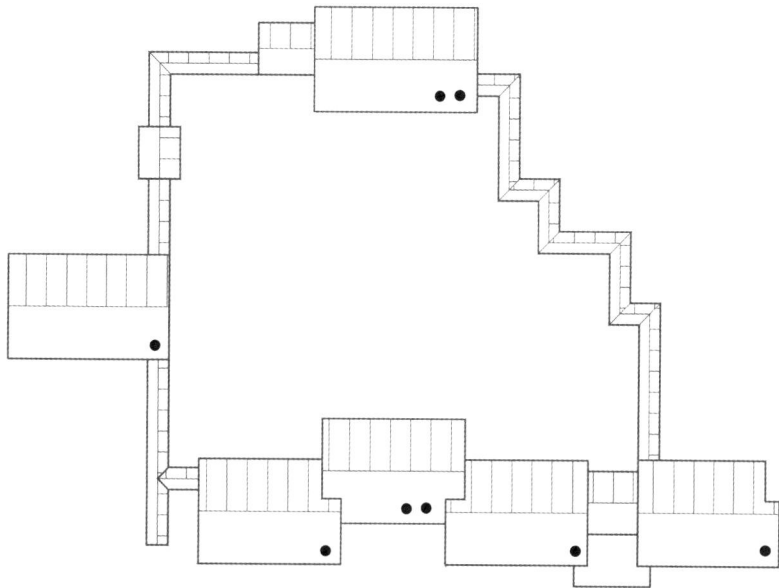

图4.77

4)填充关联状态的设置

关联——控制所填充的对象是否与填充边界关联。若选择关联，则所填充的图案将随填充边界的变化而变化。如图4.78(a)所示为原图，图4.78(b)所示为设置"关联"状态时进行拉伸命令操作的结果，图4.78(c)所示为设置"不关联"状态时进行拉伸命令操作的结果。

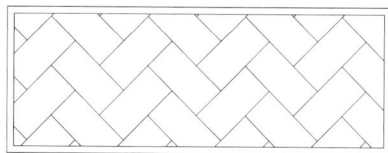

(a)原图

(b)设置"关联"状态

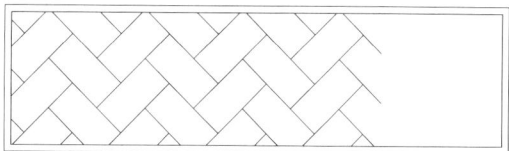

(c)设置"不关联"状态

图4.78

5）图案填充修改

对于已经填充好的图案,进行修改的话,可以将鼠标移到填充图案上,直接双击,在弹出的"图案填充编辑"对话框中进行图案、比例、角度的修改即可。

另外,这里介绍一个技巧命令——特性匹配(Matchprop)命令,又叫特性刷命令,可以将一个对象的某些或所有特性复制到其他对象。所以,可以使用特性刷命令将一种填充图案刷给另一种图案。

(1)命令执行方式

菜单栏:修改→特性匹配

工具栏:

命令行:Ma

(2)操作命令内容

命令:执行上述方式之一

选择源对象:

当前活动设置:颜色、图层、线型、线型比例、线宽、厚度、打印样式、标注、文字、填充图案、多段线、视口、表格材质、阴影显示、多重引线

选择目标对象或[设置(S)]:指定对角点:

选择目标对象或[设置(S)]:

4.6 园林小品的绘制

4.6.1 园林建筑小品的绘制

园林设计方案图中涉及的园林小品很多,大到亭、廊、花架、主题雕塑,小到座椅、花坛、灯具等,不同小品的绘制表达各异,这里选择部分小品进行表现。

例如,图4.79所示的是各种类型亭子的结构平面图。

图4.80所示的是2016年土耳其世界园艺博览会中获得最高奖的"中国华园"月华亭和月影廊的平、立面图,2022年荷兰世界园艺博览会获最佳体验奖的"中国竹园"生态竹桥施工图,详见配套素材源文件项目4。

配套素材源文件

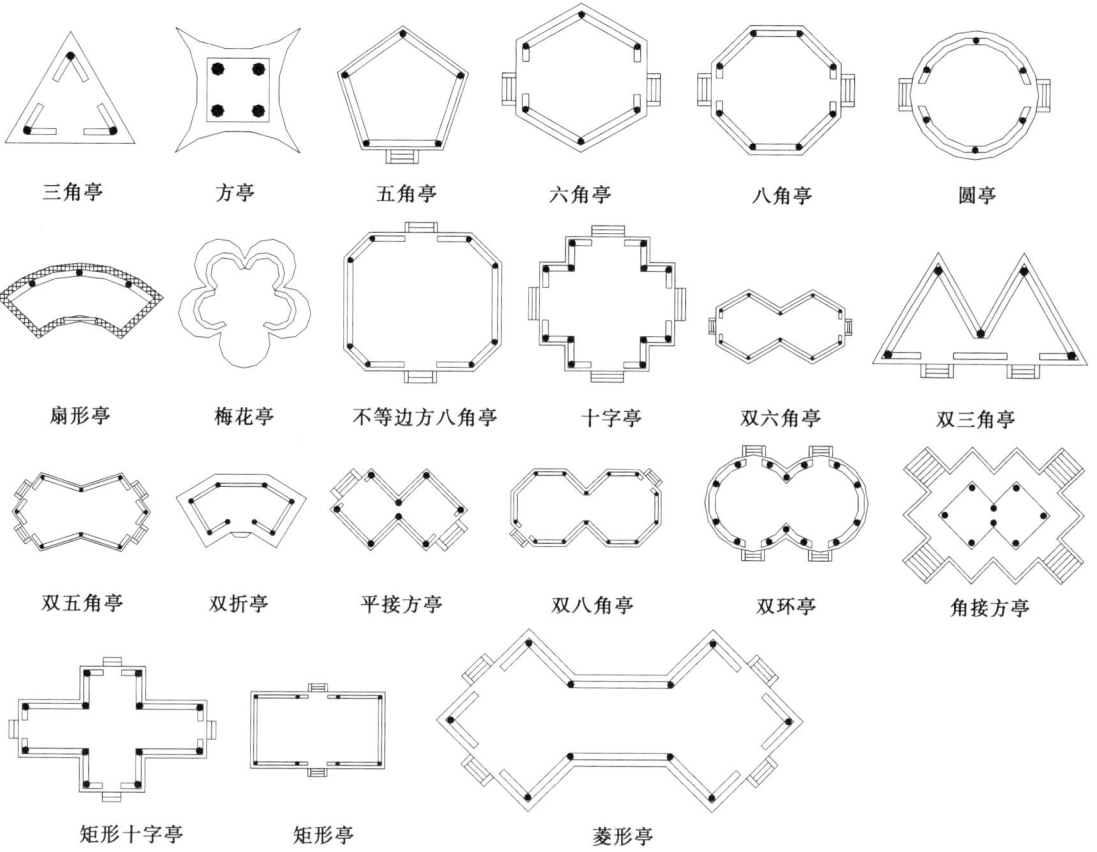

三角亭　　方亭　　五角亭　　六角亭　　八角亭　　圆亭

扇形亭　　梅花亭　　不等边方八角亭　　十字亭　　双六角亭　　双三角亭

双五角亭　　双折亭　　平接方亭　　双八角亭　　双环亭　　角接方亭

矩形十字亭　　矩形亭　　菱形亭

图4.79

月华亭立面图 1:30

月华亭平面图 1:30

① FOUNDATION ARRANGEMENT DRAWING OF YUE HUA PAVILION

① 廊平面尺寸图 1:60

② 2-2剖面图

① 廊平面尺寸图 1:60

① 廊立面图 1:30

② 廊1-1剖面图 1:30

竹影桥边缘尺寸图

竹影桥标高及桥面宽度尺寸

注：桥护栏高出桥面80 cm。

注：本图±0.000相当于场地标高−4.300。
基础详结施。

梁架尺寸图

梁架尺寸图

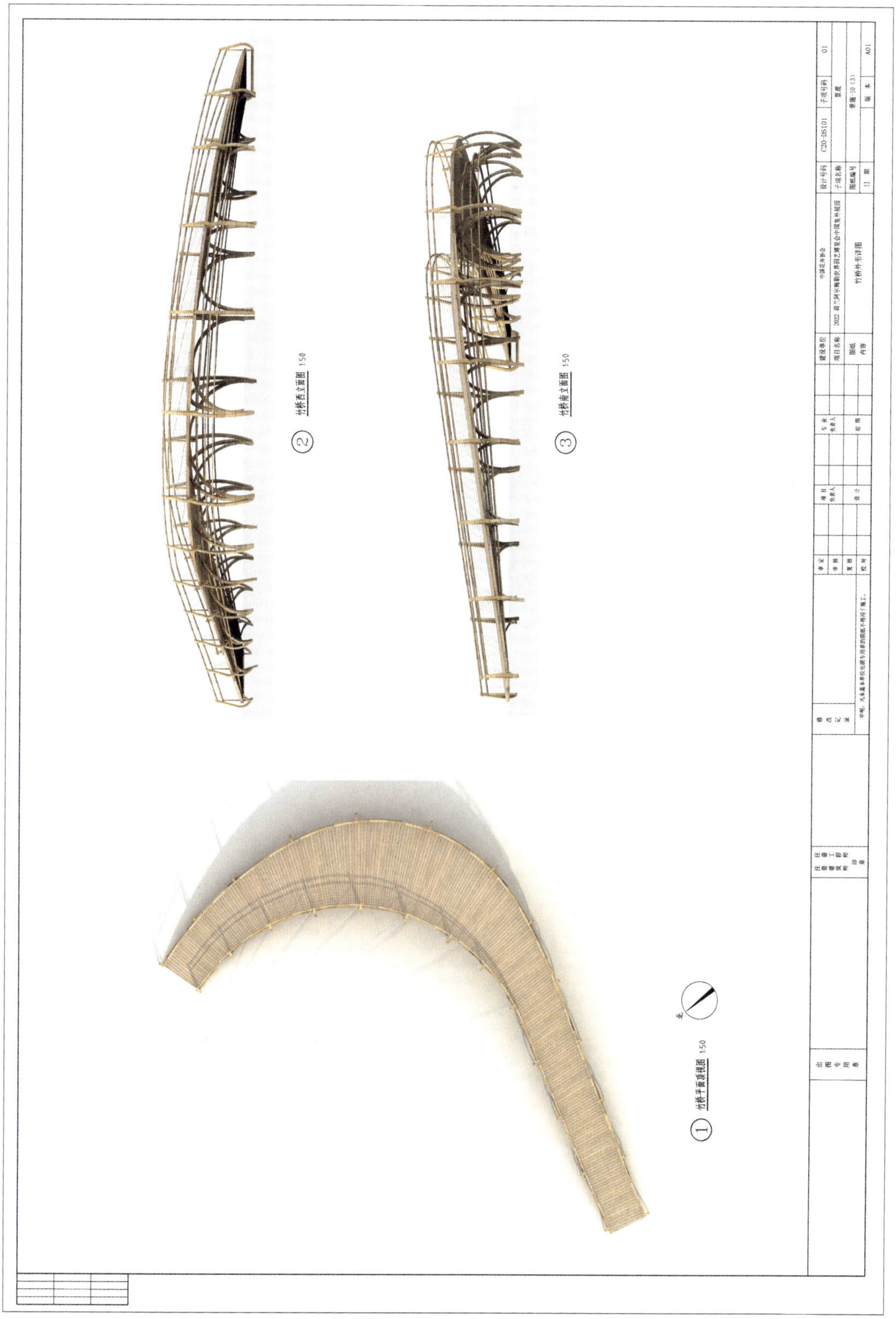

图4.80

园林小品的绘制一般可以使用直线、圆、圆环、正多边形、矩形等绘图命令和编辑命令结合完成,还需灵活运用图块、填充等命令。

4.6.2　园林灯具的绘制

图4.81所示的是各种园林灯具的平面示意图例和某灯具立面造型。

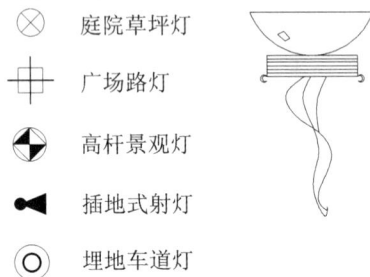

庭院草坪灯

广场路灯

高杆景观灯

插地式射灯

埋地车道灯

图4.81

4.6.3　园林雕塑的绘制

图4.82所示是园林雕塑的平面示意图例,在总平面图上都可以这样表示,它仅表示位置,不表示具体形态。如需要表示雕塑主题,则必须绘制立面形态,如图4.83所示的太阳神(阿波罗)雕塑立面。

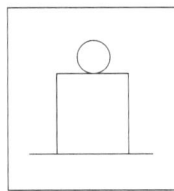

图4.82

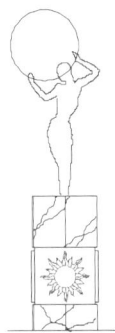

图4.83

[课堂实训]

绘制如图4.84所示的弧形花架。

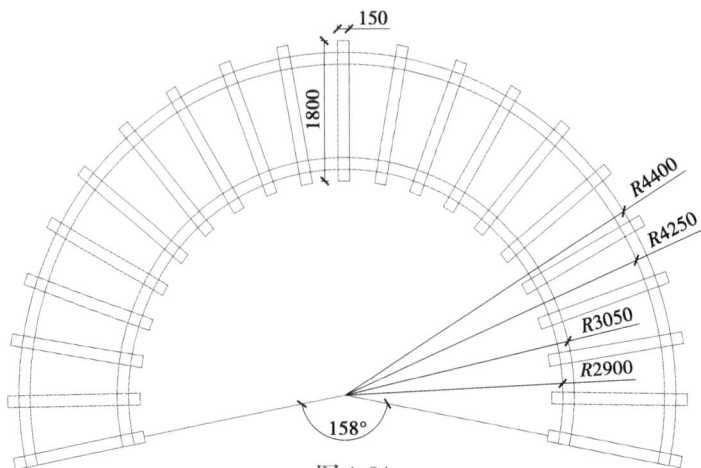

图4.84

①绘制半径为 2900 mm 的内圆和起始、终止点的半径(旋转、镜像命令),如图 4.85 所示。

②使用偏移命令绘制半径为 3050,4250,4400 mm 的圆,如图 4.86 所示。

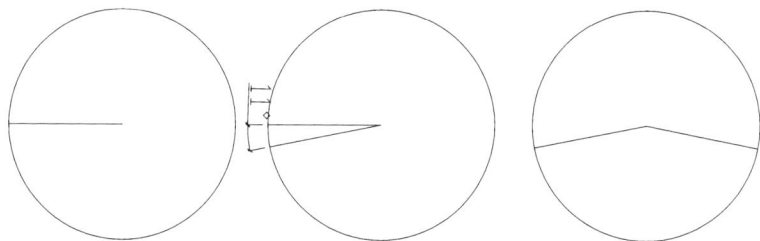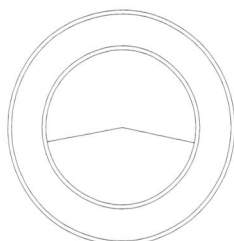

图 4.85　　　　　　　　　　　　　　　　　　　　图 4.86

③绘制垂直方向的一根花架条(150 mm × 1800 mm),使用移动命令,放到适宜位置,如图 4.87 所示。

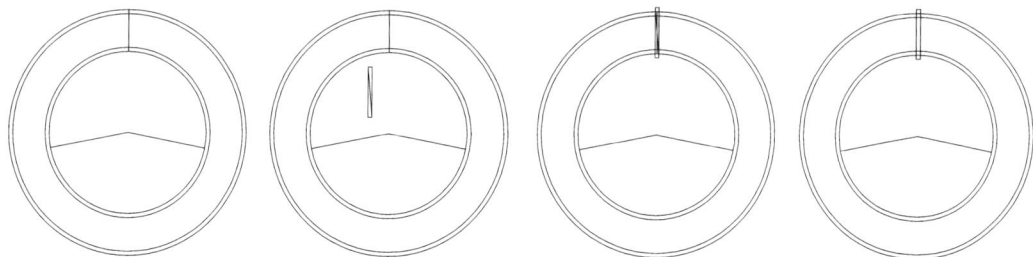

图 4.87

④使用环形阵列命令(阵列数目 11 个,阵列角度 101°)绘制左半边的花架条,再使用镜像命令得到右半边的花架条,如图 4.88 所示。

⑤使用修剪命令和删除命令完成弧形花架平面,如图 4.89 所示。

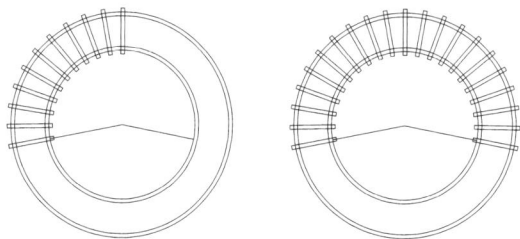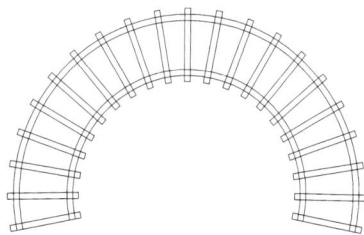

图 4.88　　　　　　　　　　　　　　　　　　　　图 4.89

4.7 园林图纸要素的绘制

当园林设计方案绘制完成后,还需要根据国家制图标准,给图纸添加图框、指北针和比例尺。

4.7.1 比例尺的绘制表现

比例尺也是每张图上的必备图纸要素,它的表现形式有两种,一种是直接标数字,如1∶100,1∶200等,常用于大比例的图纸;还有一种是地图比例尺,多用于超过1∶1000以上的小比例图纸,如风景名胜区规划图、城市公园规划图等,如图4.90所示是两种地图比例尺的表示方法。

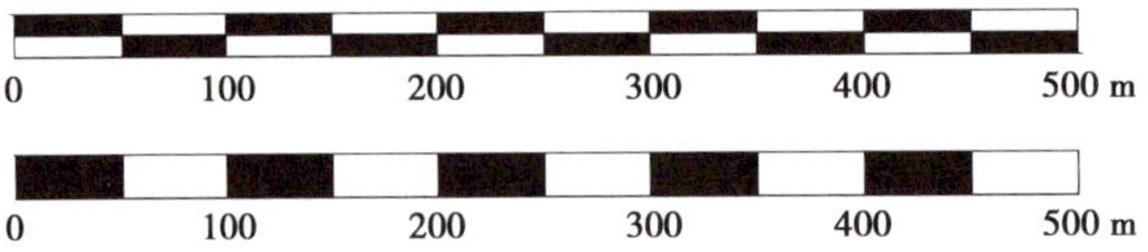

图4.90

4.7.2 指北针和风玫瑰图的绘制

指北针是每张图上的必备图纸要素,它标明了图纸设计场所的方向。指北针的样式和表现方法也是多种多样,如图4.91所示。

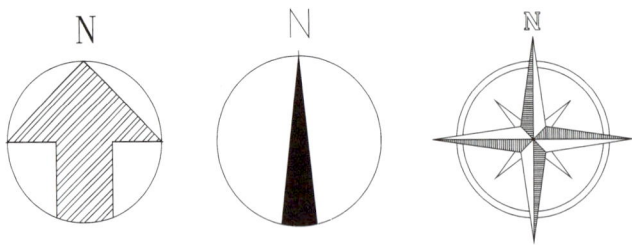

图4.91

4.7.3 图签的绘制和使用

为了图纸的美观和装订管理,国家规定了图纸的幅面大小和图框尺寸,如A0,A1,A2,A3,A4(见国家标准尺寸)。图框分横式和立式两种,图框的右下角或右侧是标题栏与会签栏。图4.92中会签栏在右下角,图4.93中南京园林规划设计研究院图纸会签栏在左侧。

除图框大小外,国家对图框中的文字选项和排版格局没有严格要求,因此市场上的每家设计公司都有自己专用的图框。

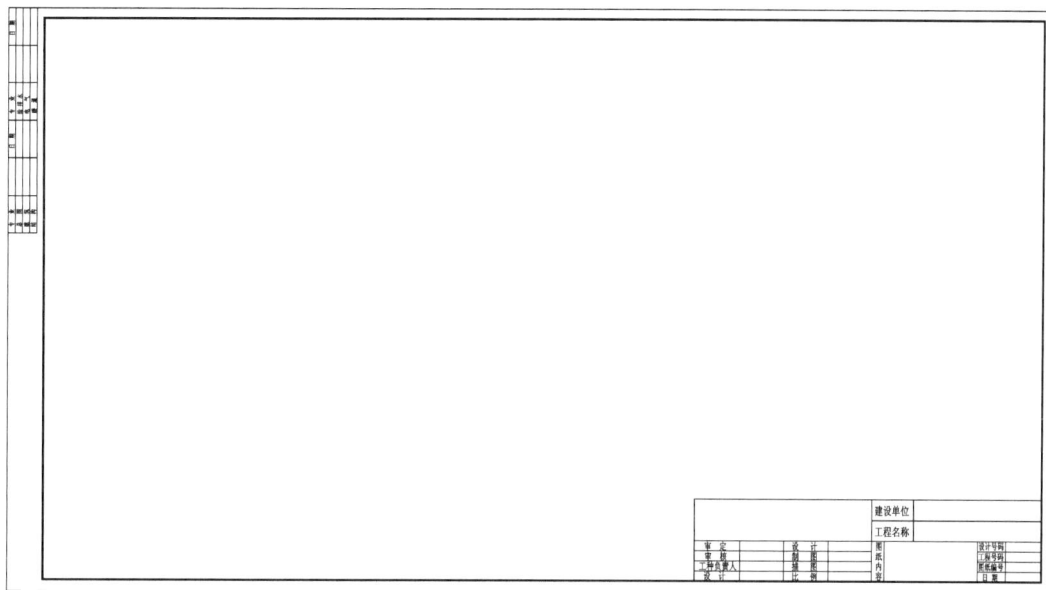

图4.92

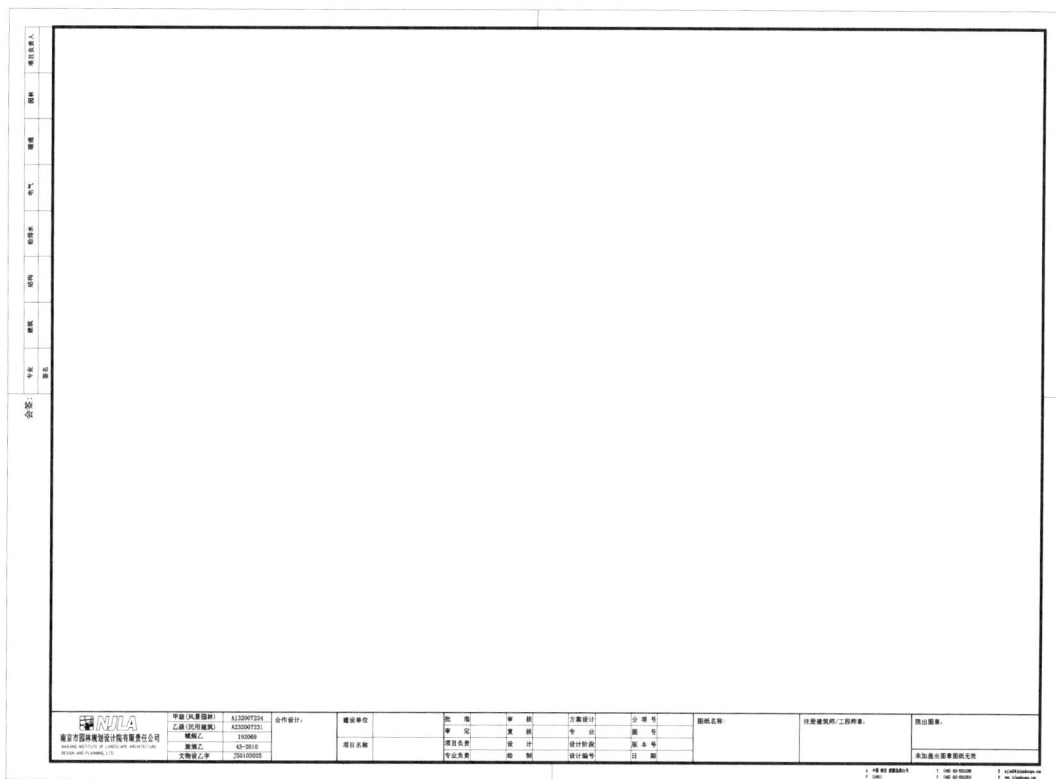

图4.93

[项目小结]

　　本项目详细讲解了绘制园林设计要素的方法,熟练掌握本项内容有助于培养绘制完整设计图纸的能力。

[能力拓展]

绘制配套素材源文件中项目4文件夹内"某公园局部"图纸(图4.94)。

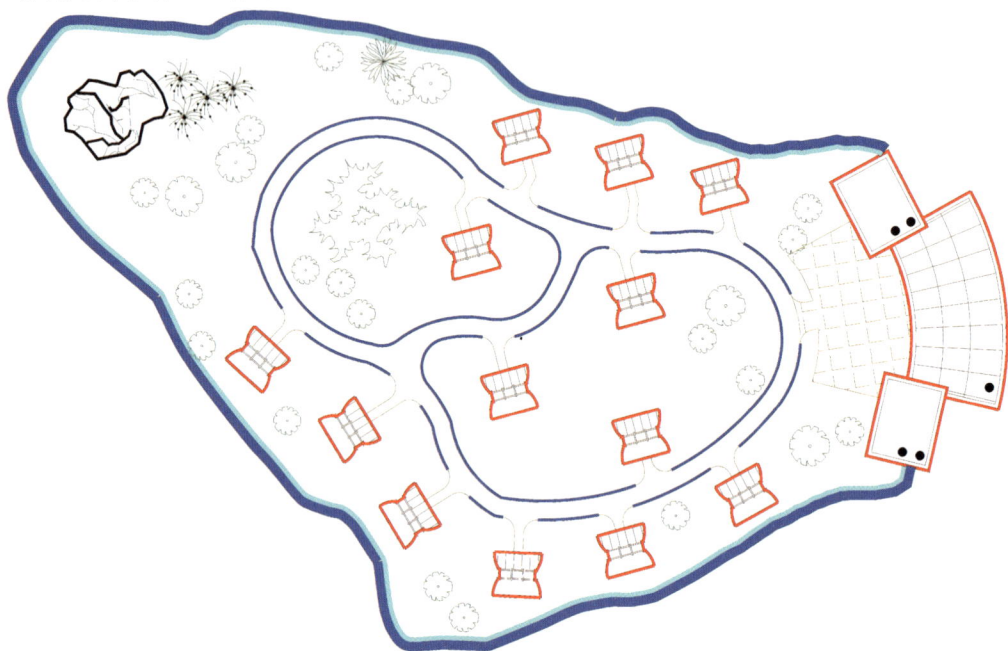

图4.94

配套素材源文件

项目 **5** 园林设计方案图的绘制

[知识目标]

(1)掌握方案图上文字标注命令的使用方法。

(2)掌握园林展园设计方案图和道路绿化设计方案图的绘制步骤和技巧方法。

[能力目标]

(1)能根据园林 CAD 制图标准规范绘制园林展园设计方案图。

(2)能根据园林 CAD 制图标准规范绘制道路绿化设计方案图。

[项目索引]

中国古典园林具有悠久的历史和深厚的文化底蕴,被誉为"世界园林之母",其"虽由人作,宛自天开"的审美旨趣,"道法自然,天人合一"的生态哲理,深浸着中国文化的内蕴,是中国五千年文化史造就的艺术珍品,是一个民族内在精神品格的生动写照,向世界展示中华优秀传统文化,弘扬工匠精神,传播绿色生态理念,是我们需要继承与发展的瑰丽事业。近年来,在世界园艺博览会、中国花卉博览会、中国绿化博览会、中国园林博览会中涌现了一大批优秀中国古典园林作品,我们将编写团队主创设计的金奖实践项目转化为以下教学案例,供学习者借鉴参考。

[能力测试]

如何绘制一张完整的展园总平面图

园林设计方案图表明在设计范围内的所有造园要素的水平投影,是园林设计的基本图纸,也是园林规划图中很重要的图纸,图上一般需要标明规划建筑、草地、林地、道路、铺装、水体、重要景观小品的位置、范围等,还需要标明主要空间、景观、建筑、道路的名称,是绘制后续施工图的重要依据。

前面已经学习了 CAD 软件常用命令和园林设计要素的表现方法,下面将阐述如何通过步骤分解绘制一张完整的展园总平面图(图5.1),它包含建筑、小品、园路、铺装、水体、山石、植物等各类要素。

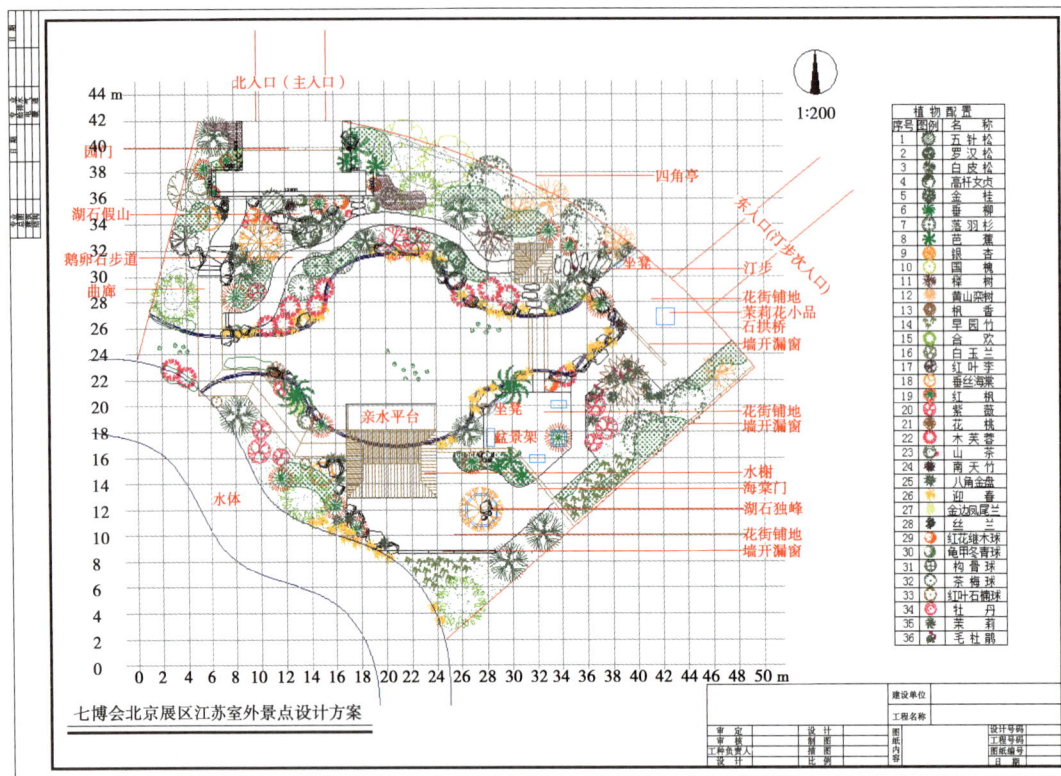

北入口（主入口）

44 m
42
40　圆门
38
36
34　湖石假山
32
30　鹅卵石步道
28　曲廊
26
24
22
20
18
16
14　水体
12
10
8
6
4
2
0

四角亭

齐入口（竹步次入口）

汀步
花街铺地
茉莉花小品
石拱桥
墙开漏窗

坐凳

亲水平台

花街铺地
墙开漏窗

水榭
海棠门
湖石独峰
花街铺地
墙开漏窗

监景架
坐凳

0　2　4　6　8　10 12 14 16 18 20 22 24 26 28 30 32 34 36 38 40 42 44 46 48 50 m

七博会北京展区江苏室外景点设计方案

1:200

植 物 配 票

图 5.1

5.1　花博会江苏园景观方案图的绘制

5.1.1　设置绘图环境

（1）创建图形文件

启动 AutoCAD 2014，在"选择样板"对话框中的"文件名"处选择默认的"acadiso.dwt"创建一个新的图形文件，并以"花博会江苏园"进行保存。

（2）设置图形界限

①设置绘图单位。

对于园林规划设计方案的总平面图尺寸通常很大，一般使用"m"为单位来绘制，本案例是展园平面图，面积不大，所以采用"mm"为单位进行绘制。

②设置绘图界限。

绘图按照实际尺寸的毫米数值1∶1进行绘制，展园总面积约为 60000 mm×60000 mm，考虑到文字标注、指北针、比例尺、图例、图签所占一定空间，故将图形界限设置为 90000 mm× 90000 mm，操作方法如下。

单击菜单栏"格式"/"图形界限"，命令行提示：

命令：_limits

重新设置模型空间界限：

指定左下角点或[开(ON)/关(OFF)] <0.0000,0.0000>:按回车键

指定右上角点 <420.0000,297.0000>:90000,90000,并按回车键确认

③设置图层。

根据展园所涉及的造园要素设置图层数量,本案例的图层设置如图5.2所示。

图5.2

5.1.2　处理展园红线图

打开本案例随书配套素材源文件"项目五"/"展园红线图.dwg"文件,将图5.3所示地形图复制到"花博会江苏园"。

图5.3

具体操作步骤如下:

①打开"展园红线图",选择红线对象,按"Ctrl + C"组合键;在"花博会江苏园"中,按"Ctrl +

处理展园红线图、
绘制方格网

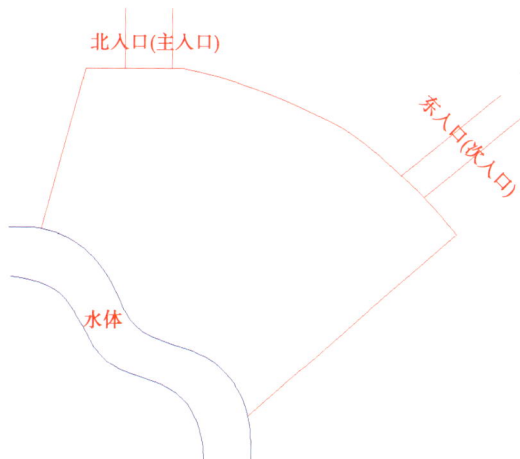

V"组合键,命令行提示:

　　命令:_pasteclip 指定插入点

　　用鼠标在屏幕中点击指定插入点。

　　②红线图插入后,将红线图缩放到图形窗口中便于使用。

　　③在命令行输入命令 zoom,命令行提示:

　　命令:zoom

　　指定窗口角点,输入比例因子（nX 或 nXP）,或［全部（A）/中心点（C）/动态（D）/范围（E）/ 上一个（P）/比例（S）/窗口（W）］＜实时＞:A 并回车

　　然后重生成模型。

5.1.3　绘制方格网

　　用直线命令绘制长为 52823 mm 和长为 45527 mm 的水平线和垂直线,然后使用阵列或者偏移命令以 2000 mm 为一个单元进行复制,制作出如图 5.4 所示的网格,并使用文字工具标示出间隔数值。

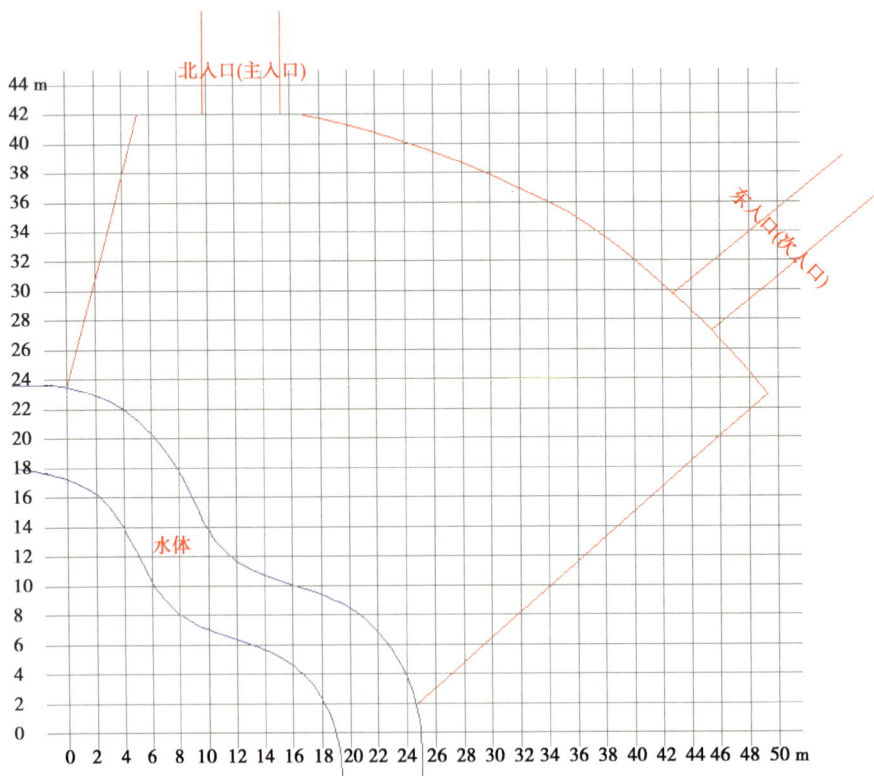

图5.4

绘制水榭、平台
及四角亭

5.1.4　绘制园林建筑

（1）绘制水榭及平台

①将图层"建筑"设置为当前层,水榭以 A 点作为基点进行绘制,操作步骤如下:

使用直线工具从红线与水体交叉处绘制一条 15397 mm 水平线,再绘制一条 10531 mm 垂直线,再绘制一条 1423 mm 水平线,得到 A 点位置,如图 5.5 所示。

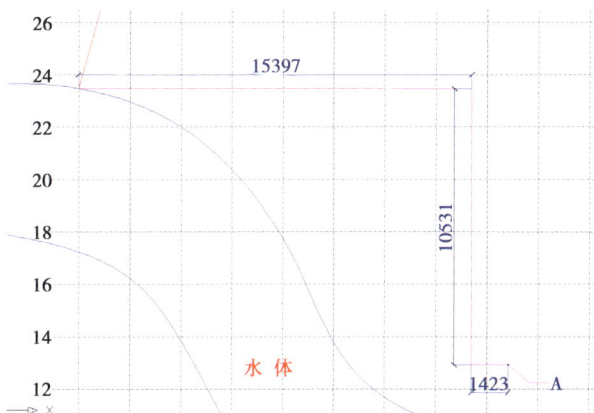

图 5.5

②将"建筑"设为当前层,用矩形命令绘制出如图 5.6 所示的矩形,矩形的左下角以 A 点为基点,右上角点以相对坐标的形式输入(@7200,5200)。

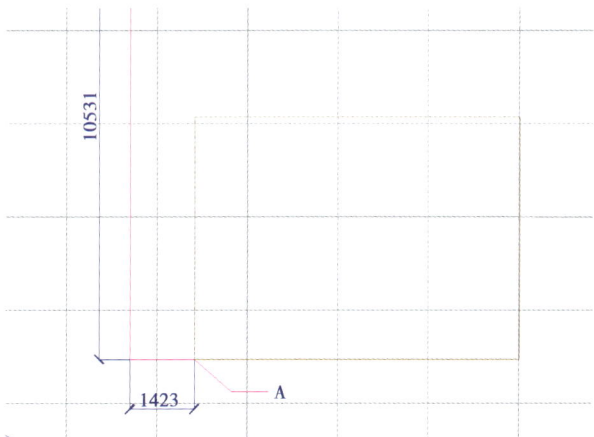

图 5.6

③打开极轴,在命名的设置中将"增量角"设为 45°,在命令行输入命令 line,命令行提示:指定第一点:指定 A 点。

指定下一点或[放弃(U)]:在 45°追踪提示下输入 1838。

指定下一点或[放弃(U)]:打开正交,光标向北面移动,输入 2600。

指定下一点或[放弃(U)]:用光标捕捉 B 点。

指定下一点或[放弃(U)]:回车进行闭合,如图 5.7 所示。

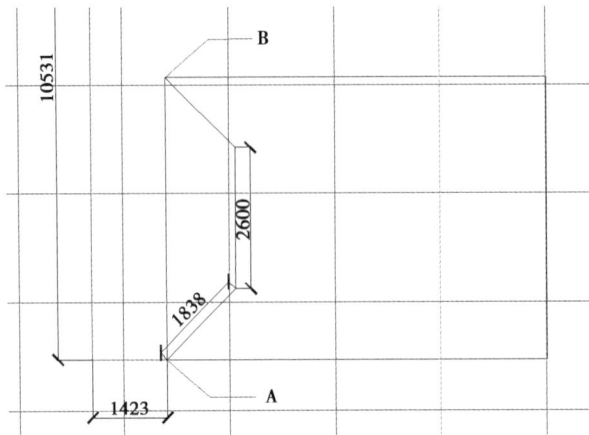

图5.7

④使用同样方法制作出另一侧的效果,并使用直线命令连接两侧垂直直线的中心点,如图5.8所示。

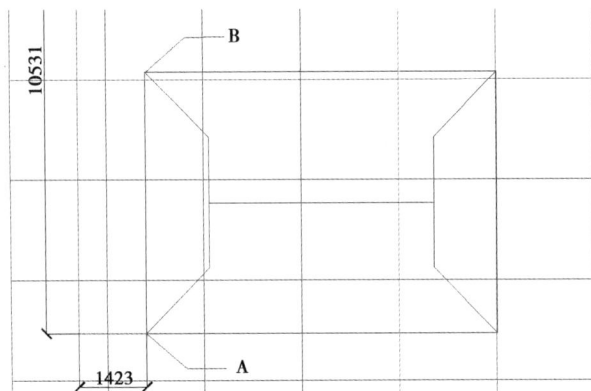

图5.8

⑤绘制平台,在命令行输入命令 PL,命令行提示:

指定起点:指定 B 点。

指定下一个点或[圆弧(A)/半宽(H)/长度(L)/放弃(U)/宽度(W)]:打开正交,将光标向北面移动,输入2000。

指定下一个点或[圆弧(A)/半宽(H)/长度(L)/放弃(U)/宽度(W)]:光标向东面移动,输入7200。

指定下一个点或[圆弧(A)/半宽(H)/长度(L)/放弃(U)/宽度(W)]:光标向南面移动,输入2000,回车结束该命令。

在命令行输入命令 Offset,命令行提示:

指定偏移距离或[通过(T)/删除(E)/图层(L)]:150

选择要偏移的对象,或[退出(E)/放弃(U)] <退出>:选择刚才绘制的平台。

指定要偏移的那一侧上的点,或[退出(E)/多个(M)/放弃(U)] <退出>:将光标在平台内侧单击,得到如图5.9所示。

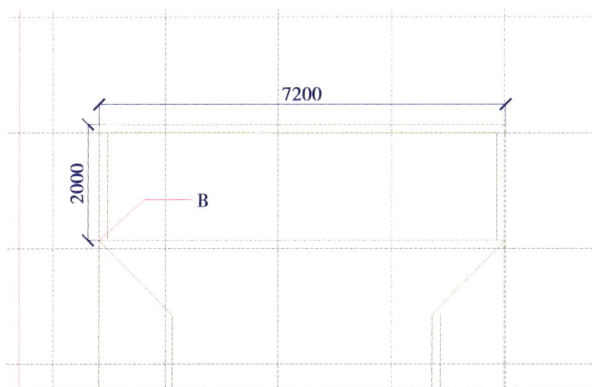

图5.9

（2）绘制四角亭

①命令行：line。

指定第一点：指定平台右上角端点为起点。

指定下一点或［放弃（U）］：打开正交，将光标向正北方向移动，输入9343。

指定下一点或［放弃（U）］：将光标向正东方向移动，输入6268，得到C点位置，如图5.10所示。

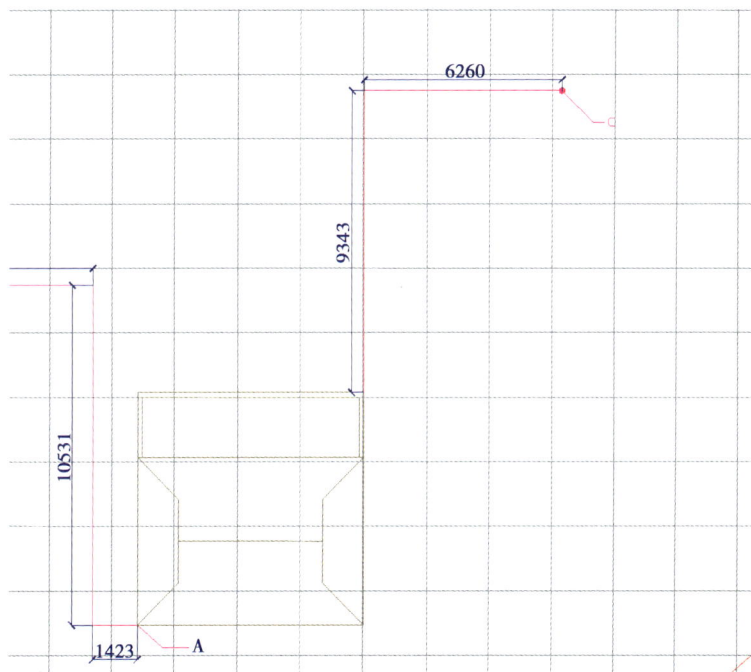

图5.10

②命令行：Rec。

指定第一个角点或［倒角（C）/标高（E）/圆角（F）/厚度（D）/宽度（W）］：指定C点。

指定另一个角点或［面积（S）/尺寸（D）/旋转（R）］：输入@3000,3000。

启用Line（直线）命令，打开对象捕捉，用端点捕捉的方式绘制正方形对角线，如图5.11所示。

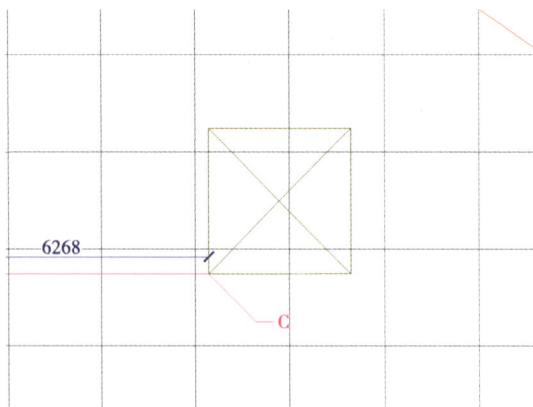

图 5.11

③建筑屋顶填充。

为了方便选择填充区域,暂时将图层"方格网"进行冻结。

启用 Hatch(图案填充)命令,输入快捷方式 H,回车,打开"图案填充和渐变色"对话框,在该对话框中,单击"拾取点"按钮,如图 5.12 所示,进入图形窗口拾取水榭的正北面屋顶区域,待该区域变为虚线,如图 5.13 所示,回车,回到图案填充窗口。

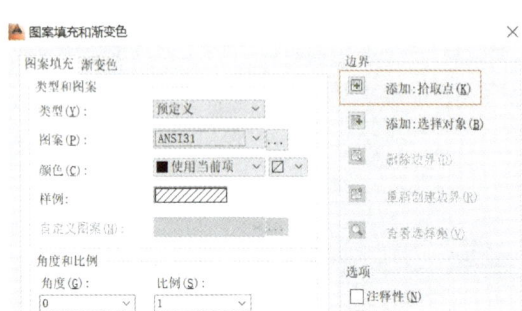

图 5.12

图 5.13

然后单击图 5.14 中左边"样例"的图案,在弹出的"填充图案选项板"中单击"ANSI",再选择"ANSI31"图案,如图 5.15 所示,单击"确定"按钮,再将角度设为 45、比例设为 50,如图 5.16 所示。单击"预览"按钮观察效果,符合要求后按回车键确定,最终效果如图 5.17 所示。

图 5.14

图 5.15　　　　　　　　　　　　　图 5.16

使用同样方法,将水榭其他 3 个方向的屋顶进行填充。

西面屋顶:填充图案不变,角度 135,比例 50;

东面屋顶:填充图案不变,角度 135,比例 100;

南面屋顶:填充图案不变,角度 45,比例 100。

最终效果如图 5.18 所示。

使用同样方法,将园亭 4 个方向的屋顶进行填充。

东面屋顶:填充图案不变,角度 135、比例 100;

南面屋顶:填充图案不变,角度 45、比例 100;

西面屋顶:填充图案不变,角度 135、比例 50;

北面屋顶:填充图案不变,角度 45、比例 50。

图 5.17　　　　　　　　　　　　　　　图 5.18

最终效果如图5.19所示。

(3)绘制曲廊

①命令行:PL。

指定起点:指定水榭左上角的端点为起点。

指定下一个点或[圆弧(A)/半宽(H)/长度(L)/放弃(U)/宽度(W)]:打开正交,将光标向正西面移动,输入3188。

指定下一个点或[圆弧(A)/半宽(H)/长度(L)/放弃(U)/宽度(W)]:打开极轴,将附加角设置为130°,在130°角追踪提示下输入6005。

指定下一个点或[圆弧(A)/半宽(H)/长度(L)/放弃(U)/宽度(W)]:打开正交,将光标向正西面移动,输入2922。

指定下一个点或[圆弧(A)/半宽(H)/长度(L)/放弃(U)/宽度(W)]:打开正交,将光标向正北面移动,输入7282。

效果如图5.20所示。

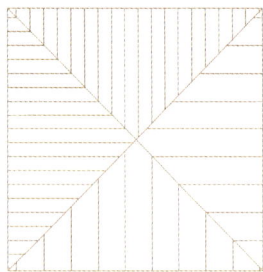

图5.19

绘制曲廊和景墙

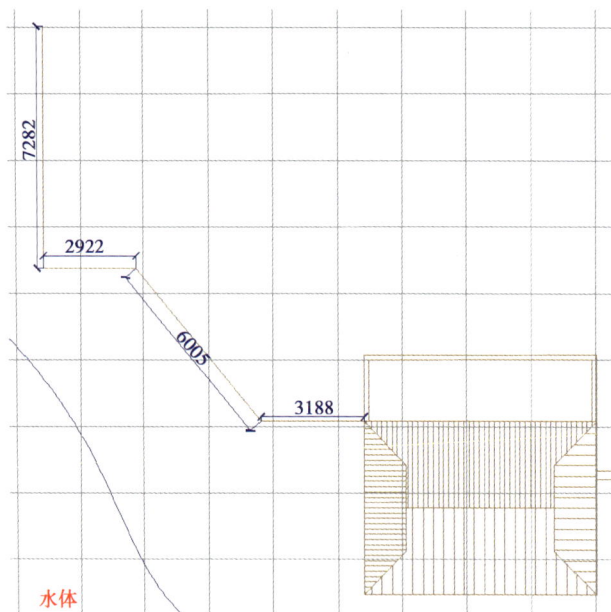

图5.20

②命令行:Offset。

指定偏移距离或[通过(T)]:1000

选择要偏移的对象或<退出>:选择刚刚绘制的多段线

指定点以确定偏移所在一侧:将光标在多段线的南面任意位置单击两次。

启用Line(直线)命令,将两条多段线进行闭合,并绘制出曲廊的转折位置,如图5.21所示。

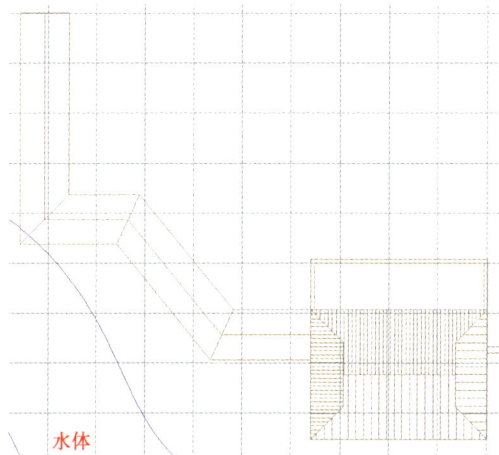

图5.21

（4）绘制景墙

①启用 Line（直线）命令，以水榭右上角为起点，打开正交，向正南方向绘制 1484mm 的直线，作为景墙的起点。

②命令行：PL。

指定起点：指定刚刚绘制的直线端点为起点。

指定下一个点或［圆弧（A）/半宽（H）/长度（L）/放弃（U）/宽度（W）］：打开正交，将光标向正东方向移动，输入 6108。

指定下一个点或［圆弧（A）/半宽（H）/长度（L）/放弃（U）/宽度（W）］：打开极轴，将附加角设置为 311°，在 311°角追踪提示下输入 7427。

指定下一个点或［圆弧（A）/半宽（H）/长度（L）/放弃（U）/宽度（W）］：打开极轴，将增量角设置为 90，极轴角测量设置为相对，在 90°角追踪提示下输入 18537。

③启用 Offest（偏移）命令将此多段线向南偏移，偏移距离为 240。

④启用 Line（直线）命令，在景墙中绘制出开窗的位置，完成后如图 5.22 所示。

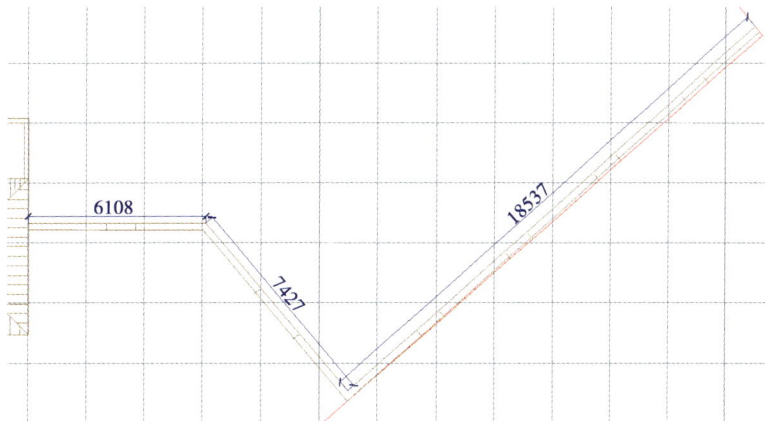

图5.22

⑤使用同样方法绘制出图中其他三处景墙,如图5.23所示。

图5.23

5.1.5　绘制园路、汀步

绘制园路、汀步

①将道路层设置为当前层,启用Line(直线)命令,以红线左上角为起点,向正东方向绘制一条3522 mm的辅助线,得到A点,如图5.24所示。用Polyline(多段线),打开F8(正交),以A点为起点,按照图5.25所示绘制出北入口广场。

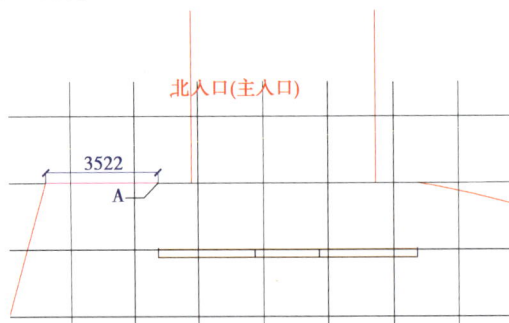

图5.24

②用Polyline(多段线)命令绘制园路,如图5.26所示。使用Pedit(多段线编辑)命令中"样条曲线化"选项将园路编辑成平滑曲线,如图5.27所示。然后启用Line(直线)命令,绘制出不规则的台阶效果,完成后如图5.28所示。

③使用同样方法绘制出另一条不规则的园路,效果如图5.29所示。

④使用Lengthen(直线拉长)命令,绘制出东入口平台。

命令:Len

选择对象或[增量(DE)/百分数(P)/全部(T)/动态(DY)]:DE

输入长度增量或[角度(A)]:2800

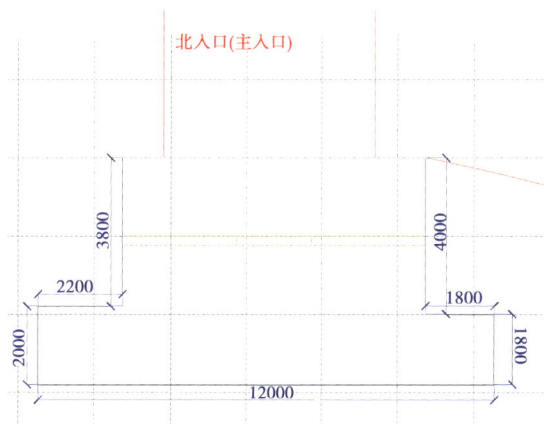

北入口(主入口)

3800　　4000

2200　　1800

2000　　1800

12000

图 5.25

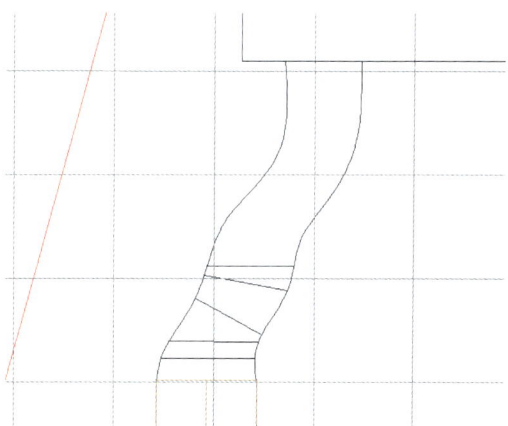

图 5.26

图 5.27

图 5.28

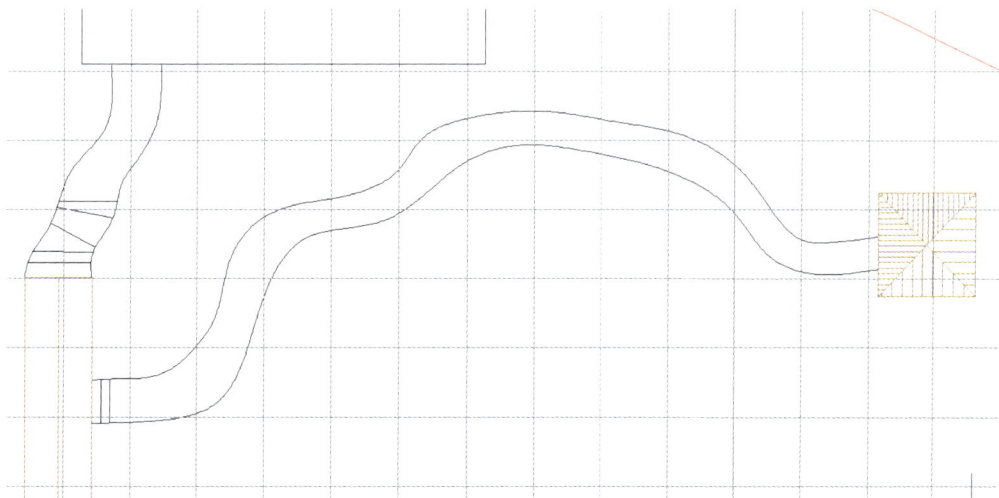

图 5.29

选择要修改的对象或［放弃(U)］：单击东入口景墙东北方向的直线,效果如图5.30所示。

然后打开极轴,设置增量角为90、极轴角测量为"相对",启用 line(直线)命令,在 270°角追踪提示下,输入4541,效果如图5.31所示。

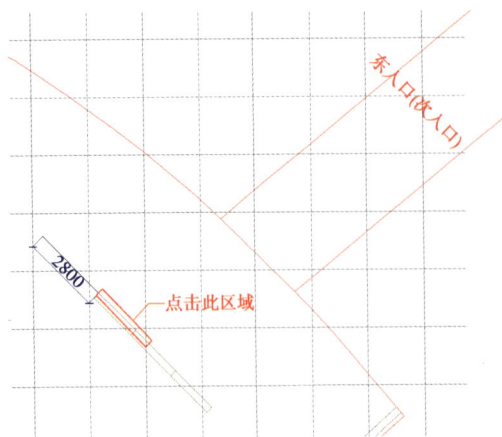

图5.30

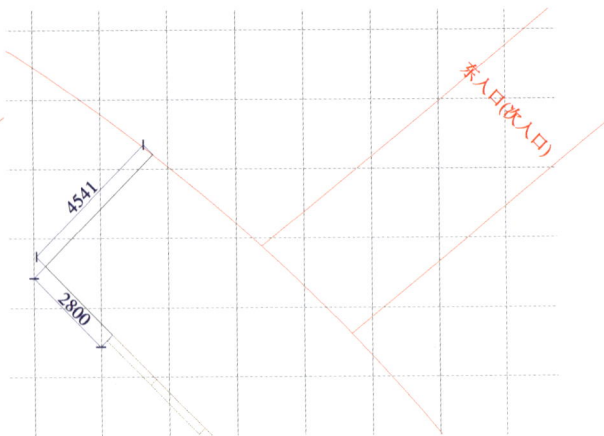

图5.31

⑤命令:Line。

指定第一点:指定水榭右侧海棠门上的 A 点。

指定下一点或[放弃(U)]:打开极轴,设置附加角为41,在41°追踪提示下输入4499。

指定下一点或[放弃(U)]:设置极轴增量角为90,极轴角测量为"相对上一段",在90°追踪提示下输入1346。

指定下一点或[放弃(U)]:打开 F8(正交),将光标向正北方向移动,输入3870。

指定下一点或[放弃(U)]:关闭 F8(正交),设置附加角为312,在312°追踪提示下输入4552。

指定下一点或[放弃(U)]:光标在270°追踪提示下输入4421。

指定下一点或[放弃(U)]:光标在90°追踪提示下输入6876。

最终效果如图5.32所示。

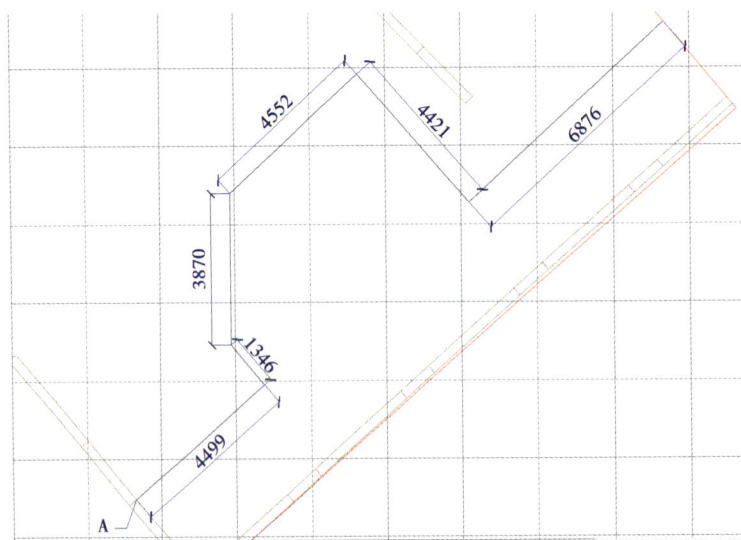

图5.32

⑥使用 Fillet(圆角)命令制作出平台弧形边缘的效果,其中圆角半径为 1000 mm,如图 5.33 所示。

⑦使用 Polyline(多段线)命令,绘制出平台另一侧的边界。

命令:PL

指定起点:指定海棠门的另一侧。

当前线宽为 0.0000

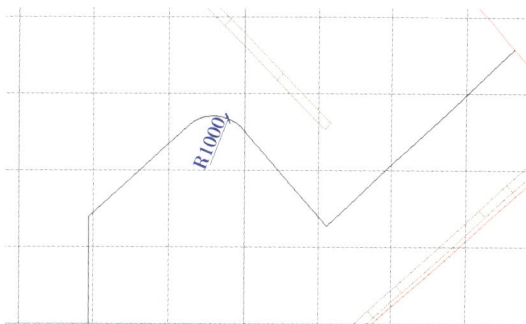

图 5.33

指定下一个点或[圆弧(A)/半宽(H)/长度(L)/放弃(U)/宽度(W)]:打开极轴,设置附加角为41,在41°追踪提示下输入3575。

指定下一个点或[圆弧(A)/半宽(H)/长度(L)/放弃(U)/宽度(W)]:打开 F8(正交),将光标向正北方向移动,输入5245。

指定下一个点或[圆弧(A)/半宽(H)/长度(L)/放弃(U)/宽度(W)]:关闭 F8(正交),设置附加角为312,在312°追踪提示下输入5970。

效果如图 5.34 所示。

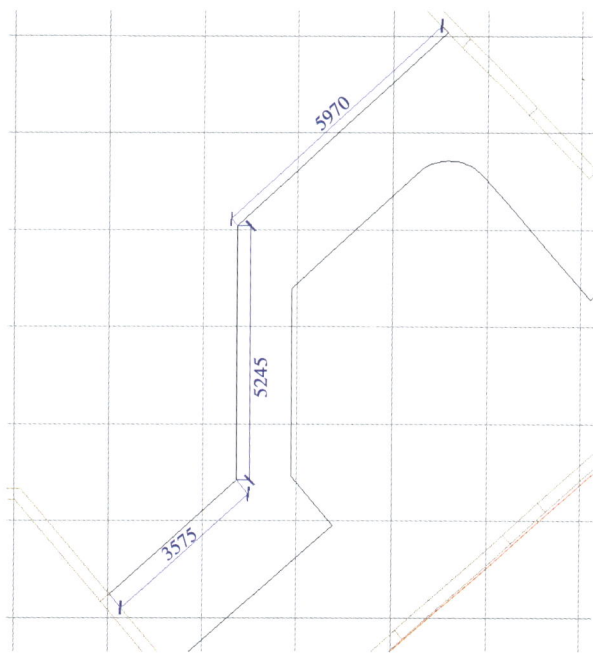

图 5.34

⑧同样使用 Polyline(多段线)命令,配合 F8(正交)、极轴附加角功能绘制出如图 5.35 所示的邻水平台。

⑨使用 Line(直线)命令、Spline(样条曲线)命令绘制出水榭周边地形,效果如图 5.36 所示。

⑩使用 Polyline(多段线)绘制出汀步,然后使用 Copy(复制)命令进行复制,再使用 Rotate(旋转)、Move(移动)命令摆放汀步的位置,效果如图 5.37 所示。

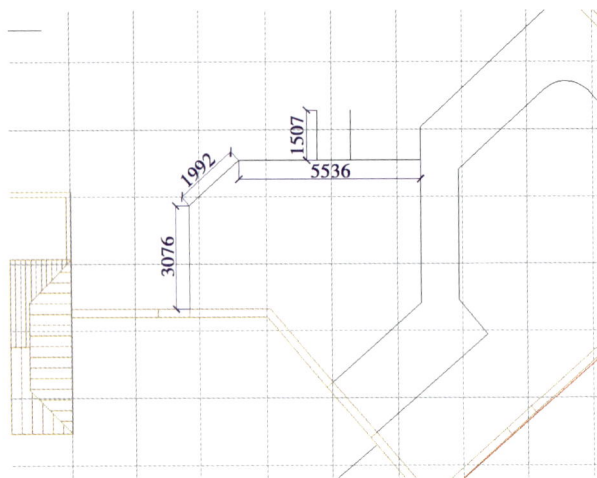

图 5.35

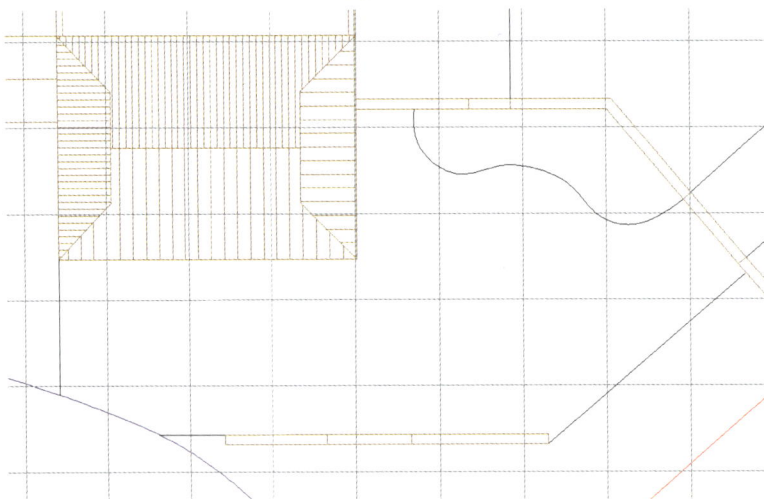

图 5.36

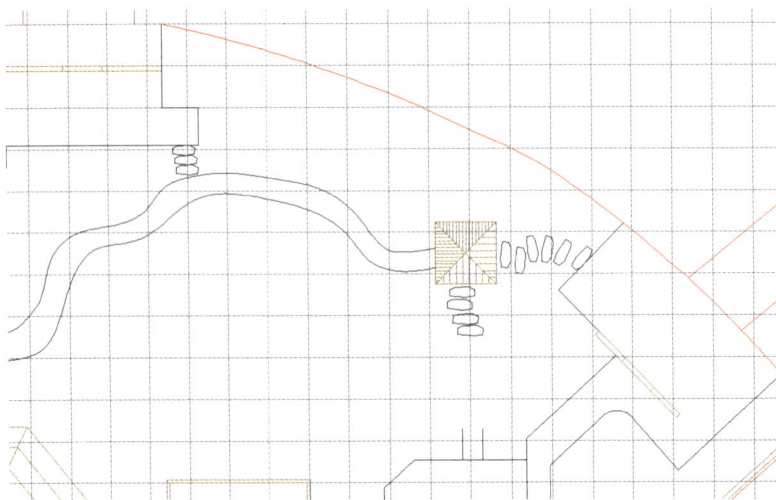

图 5.37

5.1.6　绘制水体

①将水体层设为当前层,水体为自然式,用 Polyline(多段线)命令,以"宽度"50 mm 绘制出驳岸线。

②驳岸线与水位线距离为 100 mm,使用 Offset(偏移)命令,在驳岸线的内侧偏移两根水位线,再使用 Pedit(多段线编辑)命令中的"宽度"选项将水位线宽度改为 0,如图 5.38 所示。

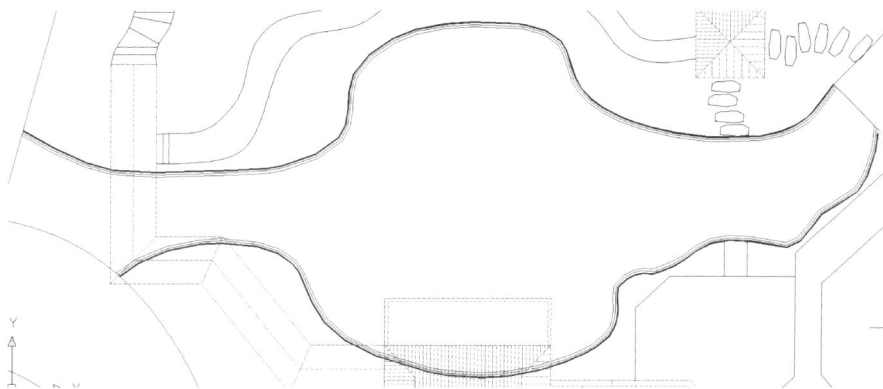

图 5.38

③使用 Pedit(多段线编辑)命令中"样条曲线化"选项将驳岸线和水位线编辑成平滑曲线,如图 5.39 所示。

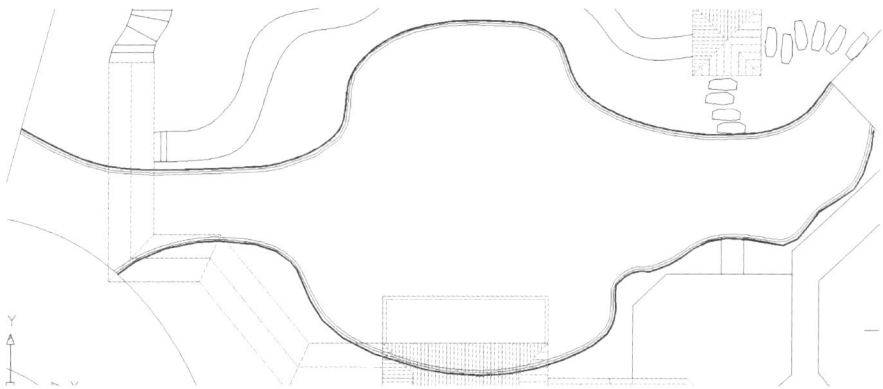

图 5.39

5.1.7　绘制假山

①将假山层设置为当前层,使用 Polyline(多段线)命令绘制出如图 5.40 所示的驳岸山石,然后使用 Block(内部块制作)命令将石头制作成图块,名字为"st1""st2",每组石头都以中心点为拾取点。

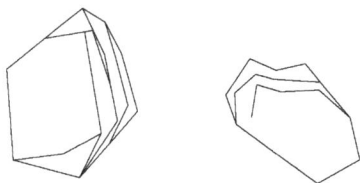

图 5.40

②反复使用 Copy（复制）命令、Rotate（旋转）命令、Move（移动）命令、Scale（比例缩放）命令等，将山石图块布置在驳岸线上，如图5.41所示。

③在北入口，使用 Polyline（多段线）命令绘制出一块"树桩山石"图案，使用 Block（内部块制作）命令将石头制作成图块，名字为"st3"以中心点为拾取点，如图5.42所示。

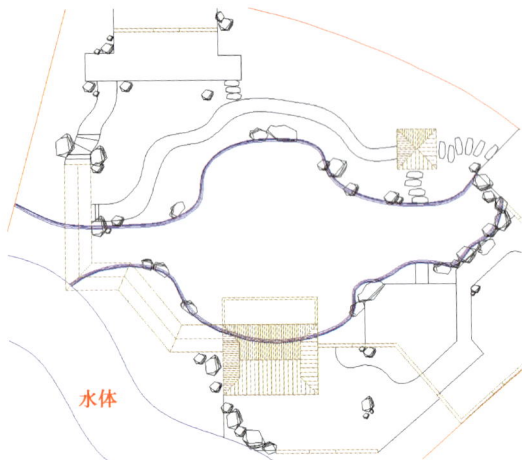

图5.41

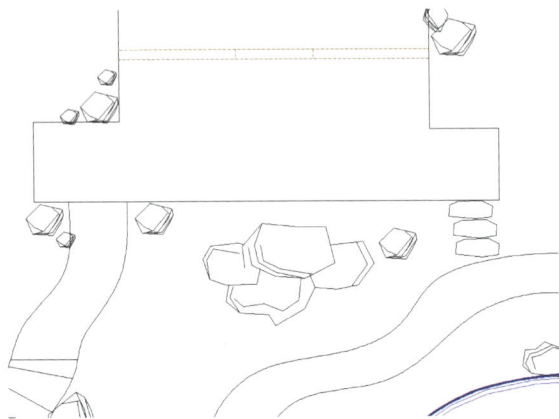

图5.42

5.1.8　绘制景观小品

绘制景观小品、
等高线

①将小品层设置为当前层，使用 Rectang（矩形）命令、Rotate（旋转）命令，绘制出东入口的茉莉花小品、坐凳，如图5.43所示。

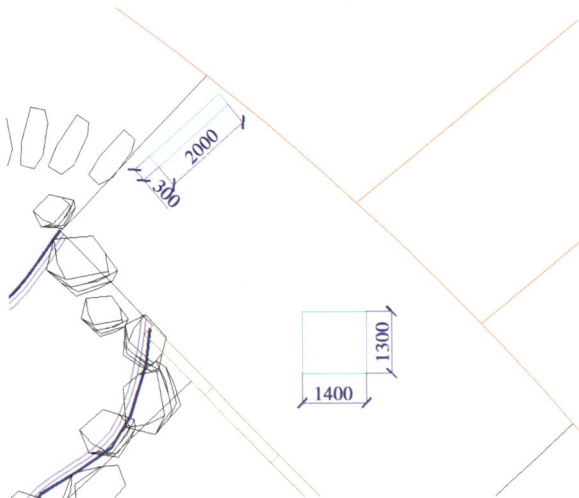

图5.43

②使用同样的方法，绘制出邻水平台上的坐凳、盆景架，如图5.44所示。

③使用 Polygon（多边形）绘制树池。

命令：POL

输入边的数目：8

指定正多边形的中心点或［边(E)］:在假山附近任意点击一点。

输入选项［内接于圆(I)/外切于圆(C)］:C

指定圆的半径:1250

然后使用 Offest(偏移)命令,以 120 mm 距离向树池内侧进行一次偏移,使用 Move(移动)命令调整其位置,效果如图 5.45 所示。

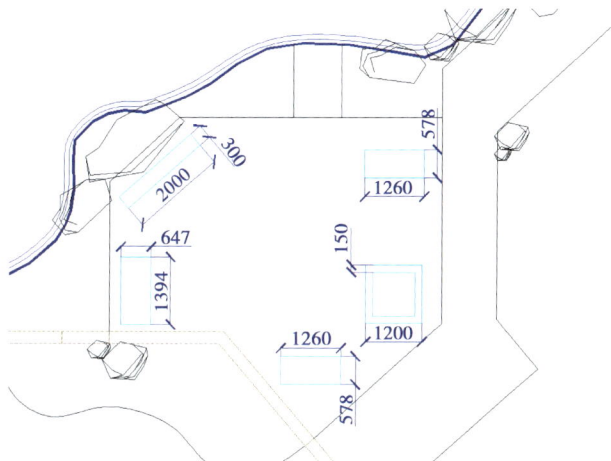

图 5.44　　　　　　　　　　　　　　　　　　图 5.45

5.1.9　绘制等高线

①将等高线层设置为当前层。在"线型管理器"加载"DASH"线型,全局比例因子设置为1000,如图 5.46 所示。

图 5.46

②使用 Spline(样条曲线)命令绘制等高线,位置如图 5.47 所示。

图 5.47

5.1.10　绘制绿化植物

①调用随书所附光盘中"植物图例"文件。

打开"植物图例"文件,找到所需树种,按"CTRL + C"组合键复制;在"花博会江苏园"中,按"CTRL + V"组合键复制进行粘贴,完成图块插入。

②反复使用 Copy(复制)命令、Scale(比例缩放)命令、Move(移动)命令等,进行乔木和灌木的绘制,位置如图 5.48 所示。

图 5.48

③暂时关闭"绿化"图层，将"地被及水生"图层设置为当前层，使用Spline(样条曲线)命令绘制地被植物的轮廓曲线，然后使用Hatch(图案填充)命令完成地被植物的图案填充，图案选择"CROSS"、角度为0、比例为30。

④将颜色控制工具条上的颜色设置为紫色，使用Spline(样条曲线)命令绘制杜鹃花植物曲线，然后使用Hatch(图案填充)命令完成北入口周边"杜鹃花"图案填充，图案选择"TRIANG"、角度为0、比例为20。

⑤使用Hatch(图案填充)命令完成草坪图案填充，图案选择"AR-SAND"、角度为0、比例为20，最终效果如图5.49所示。

图5.49

⑥使用Circle(圆)、Line(直线)命令绘制睡莲，然后使用Block(内部块制作)命令将睡莲制作成图块，名字为"睡莲"以中心点为拾取点，然后反复使用Copy(复制)命令、Move(移动)命令等，进行睡莲的绘制，位置如图5.50所示。

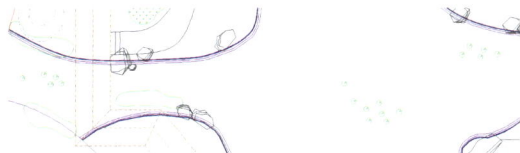

图5.50

5.1.11　标注文字

①新建一种文字样式，把文字样式的名称定为"宋体"，字体高度定为500，宽度比例定为0.8，并把当前图层切换到"文字"图层，如图5.51所示。

标注文字、
制作苗木表

图 5.51

②用输入单行文字的方式输入"园门",把文字精确移动到园门左处,并标上横线,如图 5.52 所示。

③使用 Copy(复制)命令将"园门"复制到下方,再用编辑文字的命令(Ddedit)把"园门"修改为"湖石假山",用同样的方法完成其他文字的标注,最后效果如图 5.53 所示。

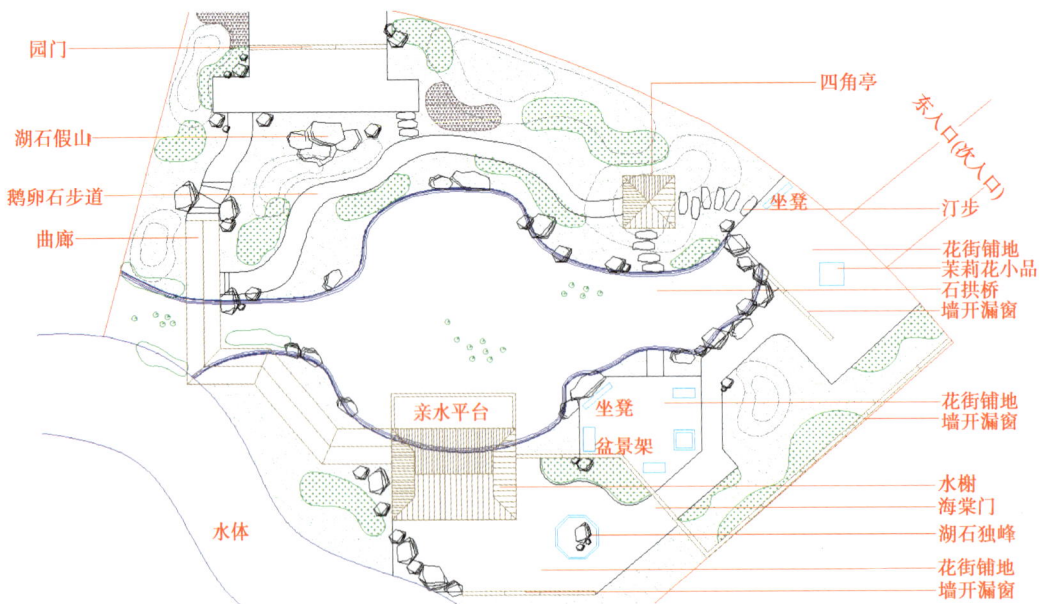

北入口(主入口)

园门

图 5.52

园门

湖石假山

鹅卵石步道

曲廊

亲水平台

水体

四角亭

亲入口(次入口)

坐凳

汀步

花街铺地
茉莉花小品
石拱桥
墙开漏窗

坐凳

盆景架

花街铺地
墙开漏窗

水榭
海棠门

湖石独峰

花街铺地
墙开漏窗

图 5.53

5.1.12　制作苗木表

使用 Line(直线)命令绘制出苗木表格,使用 Copy(复制)命令,将图中的植物复制到苗木表中,再用输入单行文字的方式进行文字标注,效果如图 5.54 所示。

植物配置		
序号	图例	名称
1		五针松
2		罗汉松
3		白皮松
4		高杆女贞
5		金桂
6		垂柳
7		落羽杉
8		芭蕉
9		银杏
10		国槐
11		榉树
12		黄山栾树
13		枫香
14		早园竹
15		合欢
16		白玉兰
17		红叶李
18		垂丝海棠
19		红枫
20		紫薇
21		花桃
22		木芙蓉
23		山茶
24		南天竹
25		八角金盘
26		迎春
27		金边凤尾兰
28		丝兰
29		红花继木球
30		龟甲冬青球
31		构骨球
32		茶梅球
33		红叶石楠球
34		牡丹
35		茉莉
36		毛杜鹃

图 5.54

5.1.13　添加图名、指北针、比例及布图

添加图名、指北针、比例及布图

(1)添加图名

①新建一种文字样式,把文字样式的名称定为"黑体",选择黑体字体与之对应,字体高度定为1000,并把当前图层切换到"文字"图层,如图 5.55 所示。

②用输入单行文字的方式输入"花博会北京展区江苏室外景点设计方案",把文字精确移动到图纸左下角处。

(2)添加指北针

调用配套素材源文件中"指北针"文件。

打开"指北针"文件,找到所需指北针图案,按"Ctrl + C"组合键复制;在"花博会江苏园"中,按"Ctrl + V"组合键复制进行粘贴,完成图块插入。使用 Scale(比例缩放)命令调整至适宜大小,并使用 Move(移动)命令精确移动到图纸右上角处。

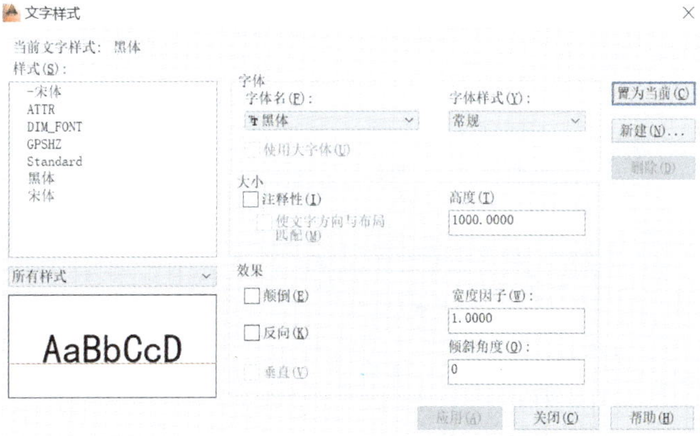

图 5.55

(3)添加比例

使用 Copy(复制)命令将"花博会江苏园平面图"复制到指北针下方,再用编辑文字的命令(Ddedit)把"花博会江苏园平面图"修改为"1∶200",用 Scale(比例缩放)命令将"1∶200"缩小一半。完成的图形如图 5.56 所示。

(4)布图及添加图框

①布图:图纸完成后,需要估算图纸的打印尺寸及出图比例。根据本方案场地大小,估算选

择 A3 图纸进行布局。

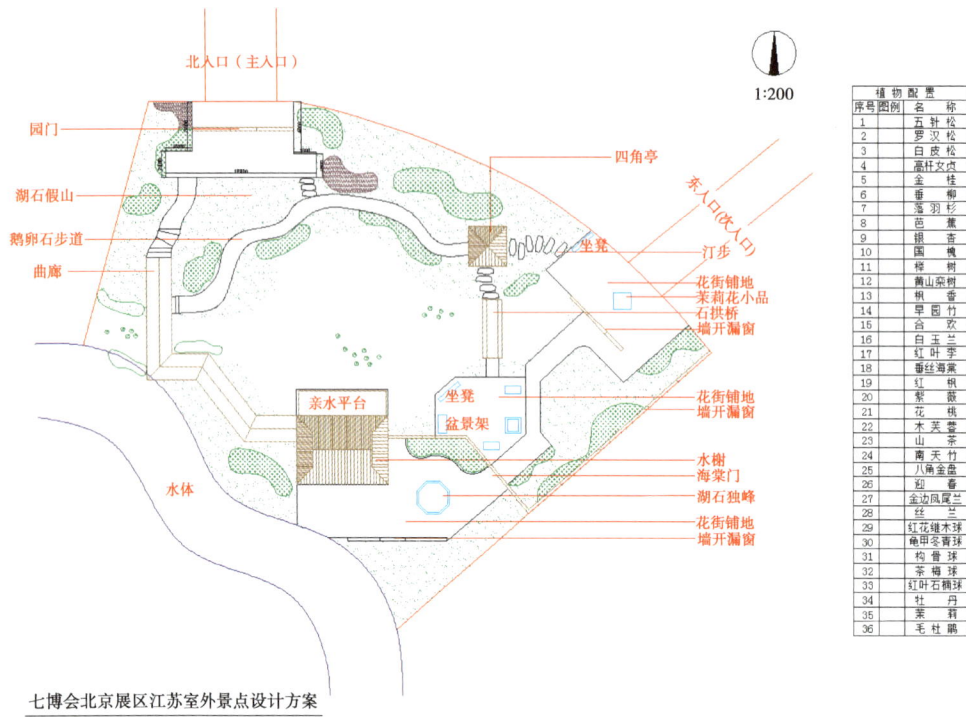

图 5.56

　②添加图框:调用配套素材源文件中"A3 图框"文件。插入图框后,根据出图比例 1:200,所以使用 Scale(比例缩放)命令将图框扩大 200 倍,并将图面内各项内容编排组合到图框中,结果如图 5.57 所示。

图 5.57

5.2　道路景观方案图的绘制

5.2.1　设置绘图环境

(1)创建图形文件

启动 AutoCAD 2014,在"选择样板"对话框中的"文件名"处选择默认的"acadiso.dwt"创建一个新的图形文件,并以"某道路标准段绿化设计方案"进行保存。

(2)设置图形界限

①设置绘图单位:本案例是道路标准段,面积较大,所以采用"m"为单位进行绘制。

②设置绘图界限:绘图按照实际尺寸的米数值1∶1进行绘制,道路标准段总面积约为500 m×83 m,考虑到文字标注、指北针、比例尺、图例、图签所占一定空间,故将图形界限设置为700 m×200 m,操作方法如下。

单击菜单栏"格式"/"图形界限",命令行提示:

命令:_limits

重新设置模型空间界限:

指定左下角点或[开(ON)/关(OFF)] <0.0000,0.0000>:按回车键。

指定右上角点 <420.0000,297.0000>:700,200,并按回车键确认。

(3)设置图层

根据道路绿化设计所涉及的设计要素设置图层数量,本案例的图层设置如图5.58所示。

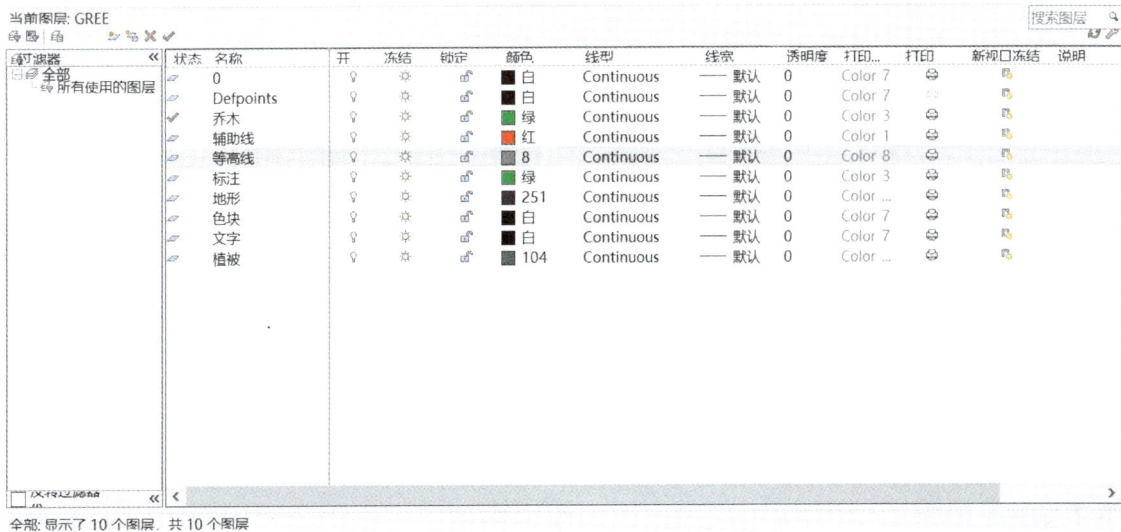

图5.58

5.2.2　绘制道路各区域

（1）绘制道路

考虑到道路标准段两侧是对称式的，为了方便之后使用"镜像"命令，所以只绘制一侧的道路景观。

将"地形"设为当前层，用直线绘制出一条500 m 的 AB 水平线，并使用 Offest（偏移）命令依次向上按照 2.5,9,2,4,4,20 m 的间隔分别偏移出一半的中央分车绿化带、机动车道、分车绿化带、非机动车道、行道树分车绿化带、路侧绿化带，如图 5.59 所示。

图 5.59

（2）绘制分车绿化带色块区域

使用直线工具连接分车绿化带的左端，使用 Offest（偏移）命令，分别按照 75,75,50,3,5,3,5,3,62,3,5,3,5,3,50,75,75 m 的间隔偏移出色块的区域，如图 5.60 所示。

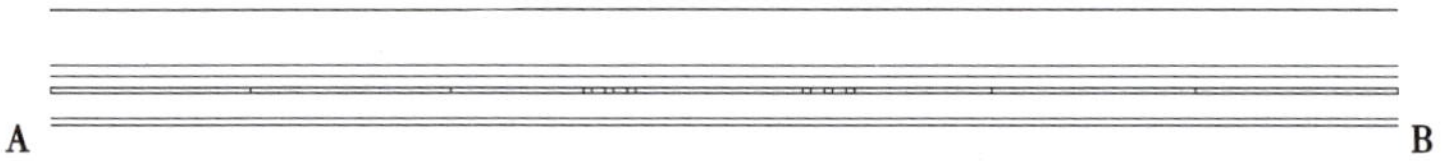

图 5.60

（3）绘制中央分车绿化带色块区域

使用直线工具连接中央分车绿化带的左端，使用 Offest（偏移）命令，分别按照 15,5,10,5,27.5,25,25,25,27.5,5,10,5,27.5,25,25,25,27.5,5,10,5,27.5,25,25,25,27.5,5,10,5,15 m 的间隔偏移出色块的区域，再选择 AB 线段向上偏移 1.5 m 的距离，并使用修剪命令绘制出中央分车绿化带色块区域，如图 5.61 所示。

图 5.61

5.2.3　绘制道路绿化

（1）绘制树池

①使用 Rectang（矩形）命令绘制 1.5 m × 1.5 m 的矩形，并使用 Offest（偏移）命令向内偏移 0.1，如图 5.62 所示。

②打开随书所附数字资源文件，打开"植物图例"文件，找到所需的行道树种，按"Ctrl + C"在"某道路标准段绿化设计方案"中，按"Ctrl + V"进行粘贴，完成图块插入，如图 5.63 所示。

③选择树池及行道树，使用矩形阵列命令，设置 5 列，列间距 100 mm，将阵列出的图形放置在行道树分车绿化带中间，如图 5.64 所示。

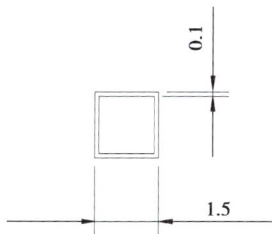

图5.62

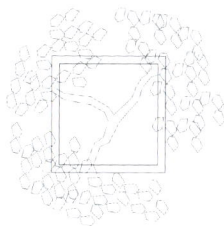

图5.63

A　　　　　　　　　　　　　　　　　　　　　　　B

图5.64

（2）绘制弧形色带

将"辅助线"设为当前层,使用Line(直线)命令连接路侧绿化带的左端,使用Offest(偏移)命令按照50,100,50,100,50,100,50 m的间隔偏移出弧形色带的区域,之后使用Spline(样条曲线)绘制出弧形色带,并加以复制,效果如图5.65所示。

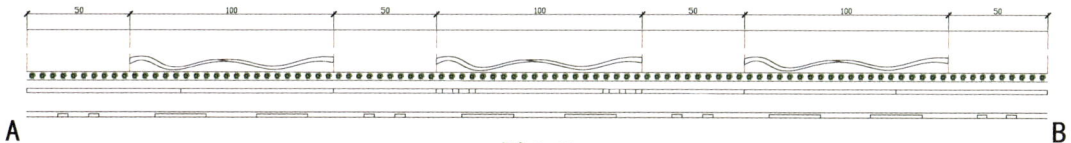

A　　　　　　　　　　　　　　　　　　　　　　　B

图5.65

（3）绘制等高线

将"等高线"设为当前层,使用Spline(样条曲线)命令在色带区域中绘制出等高线并复制,如图5.66所示。

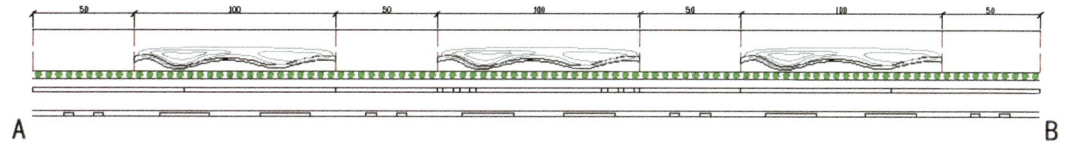

A　　　　　　　　　　　　　　　　　　　　　　　B

图5.66

（4）填充色块与灌木群

①使用Hatch(图案填充)命令,按照图5.67、图5.68的数值填充弧形色带,效果如图5.69所示。

图5.67

图5.68

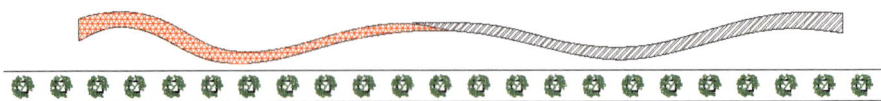

图 5.69

②使用 Hatch(图案填充)命令,按照图 5.70—图 5.73 的数值分别填充分车绿化带,效果如图 5.74 所示。

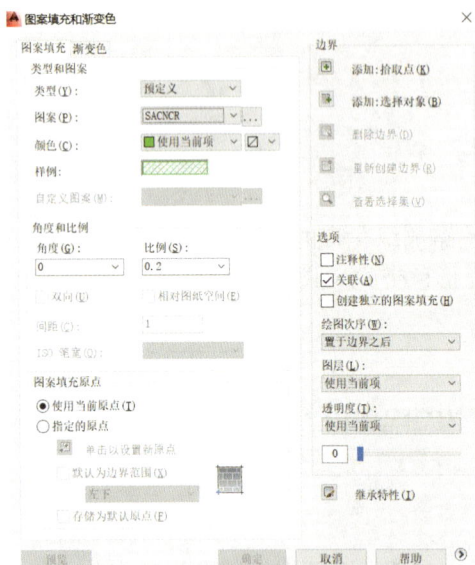

图 5.70

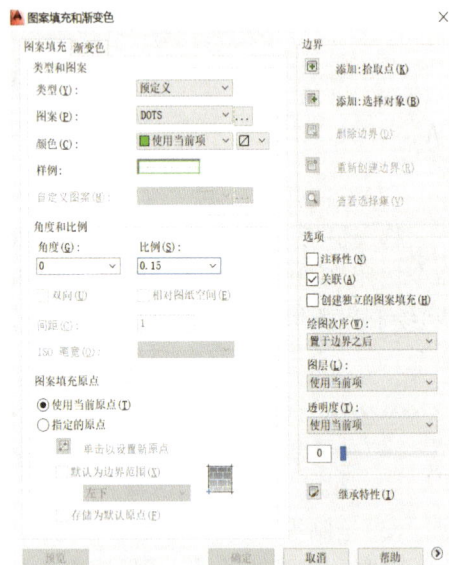

图 5.71

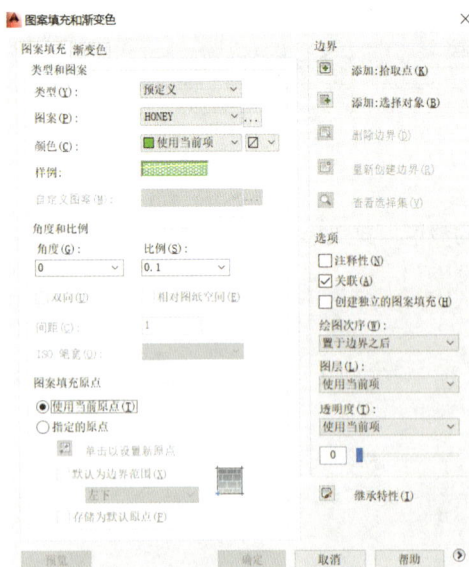

图 5.72

图 5.73

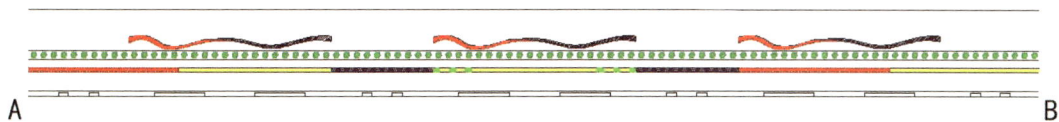

A　　　　　　　　　　　　　　　　　　　　　　　　　　　　　　　　　　　　　　B

图 5.74

（5）绘制灌木群

①打开配套素材源文件，打开"植物图例"文件，找到所需的树种，按"Ctrl + C"在"某道路标准段绿化设计方案"中，按"Ctrl + V"进行粘贴，完成图块插入，并按照 5 行，行间距 2 m，25 列，列间距 2 m 的数值进行矩形阵列，效果如图 5.75 所示。

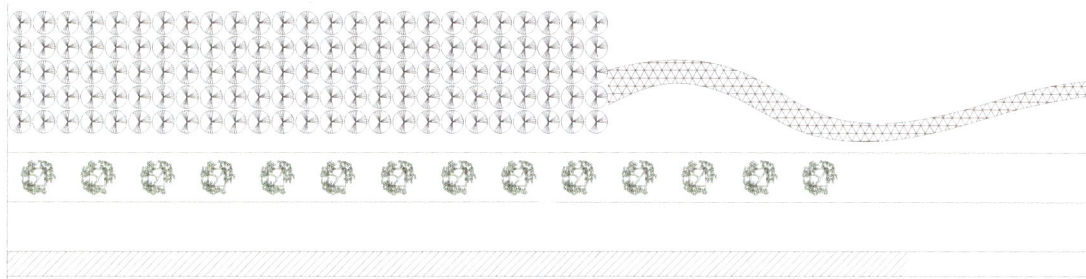

图 5.75

②复制该阵列树种，效果如图 5.76 所示。

图 5.76

③使用同样的方法绘制出另一处灌木群，效果如图 5.77 所示。

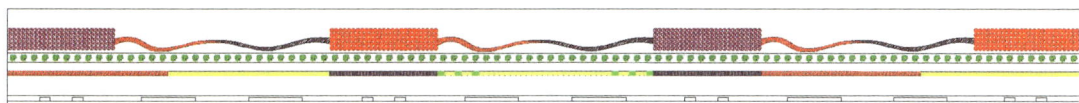

图 5.77

④打开随书所附数字资源文件，打开"植物图例"文件，找到所需的树种，按"Ctrl + C"组合键复制；在"某道路标准段绿化设计方案"中，按"Ctrl + V"组合键进行粘贴，完成图块插入，并按照图 5.78 的效果进行复制，整体效果如图 5.79 所示。

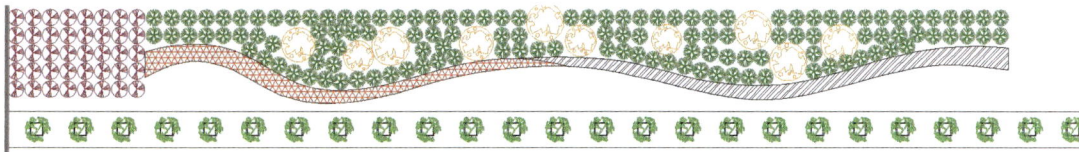

图 5.78

图 5.79

⑤从"植物图例"文件中调用所需树种，按照 25 列，列间距 3 m 的数值进行矩形阵列，效果如图 5.80 所示。

图 5.80

（6）绘制乔木

①使用插入图块并进行阵列绘制出路侧绿化带的乔木群，效果如图 5.81 所示。

图 5.81

②使用 Mirror（镜像）命令，分别捕捉 A、B 两点，镜像出道路的另一侧，效果如图 5.82 所示。

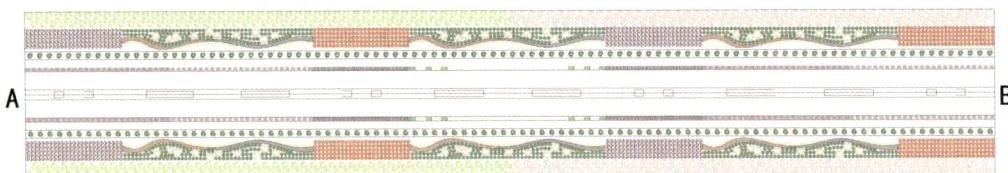

图 5.82

（7）绘制中央分车绿化带

使用 Hatch（图案填充）和 Array（阵列）命令绘制中央分车绿化带，效果如图 5.83 所示。

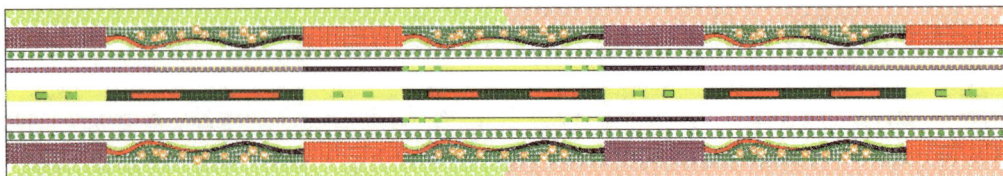

图 5.83

5.2.4 尺寸标注

将"标注"层设为当前层，按照图 5.84 所示使用线性标注对道路各区域进行尺寸标注。

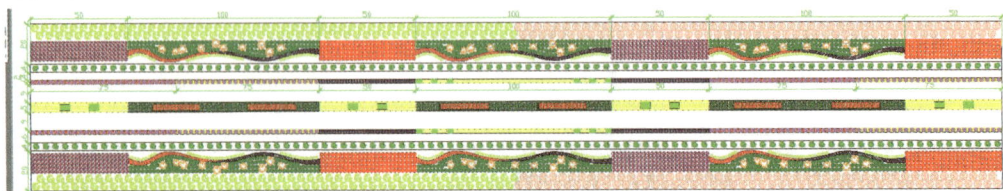

图 5.84

5.2.5　文字标注

（1）新建一种文字样式,把文字样式的名称定为"宋体",字体高度定为 1.5 m,并将"文字"层设为当前层,如图 5.85 所示。

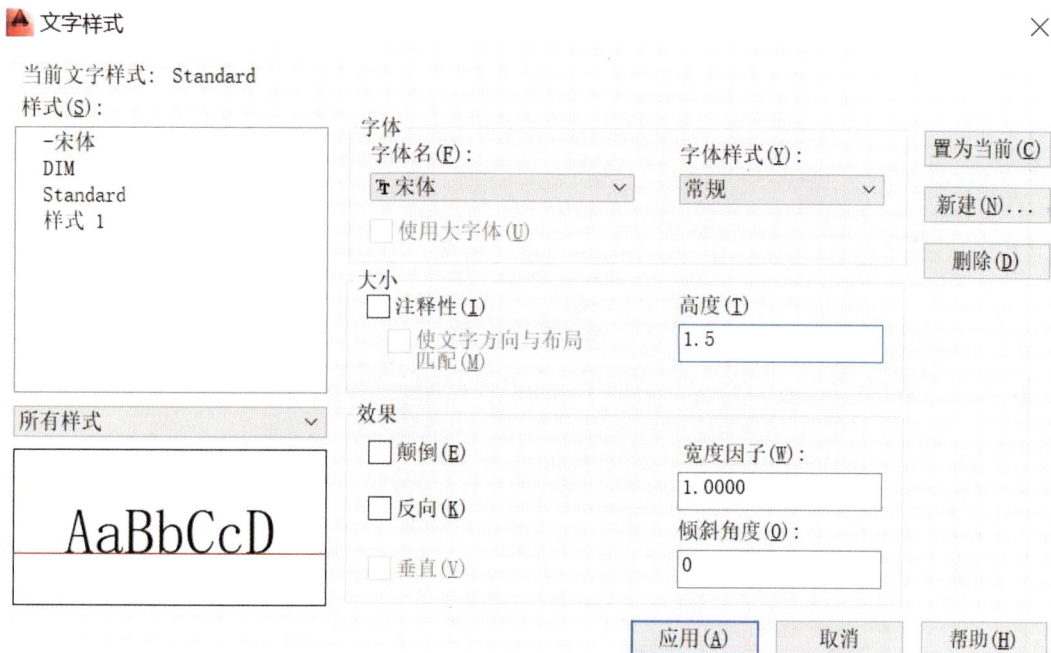

文字样式

当前文字样式: Standard

样式(S):

- -宋体
- DIM
- Standard
- 样式 1

所有样式

AaBbCcD

字体

字体名(F): 宋体

字体样式(Y): 常规

□ 使用大字体(U)

大小

□ 注释性(I)

□ 使文字方向与布局匹配(M)

高度(T): 1.5

效果

□ 颠倒(E)

□ 反向(K)

□ 垂直(V)

宽度因子(W): 1.0000

倾斜角度(O): 0

置为当前(C)　新建(N)...　删除(D)

应用(A)　取消　帮助(H)

图 5.85

（2）用输入单行文字的方式输入"香樟",把文字精确移到香樟树群的正上方,并标上箭头,如图 5.86 所示。

（3）使用 Copy(复制)命令将"香樟"复制到右侧,再用编辑文字的命令(Ddedit)把"香樟"修改为"垂丝海棠",用同样的方法完成其他文字的标注,最后效果如图 5.87 所示。

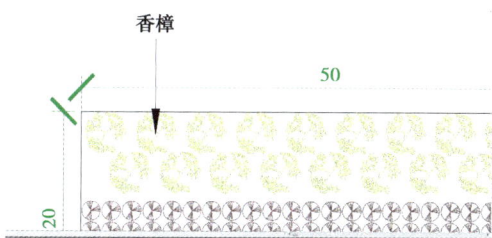

图 5.86

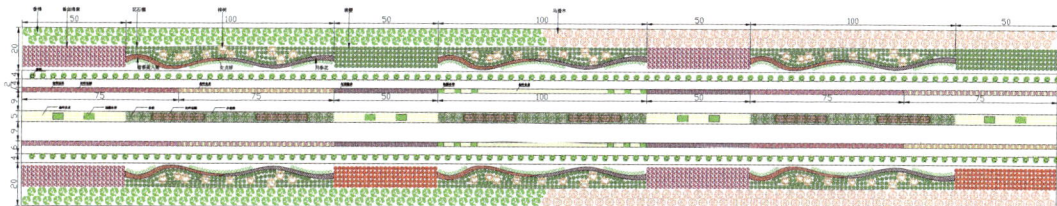

图 5.87

5.2.6 添加图名、指北针、比例及布图

按照项目4的方法逐一添加图名、指北针、比例及布图,最终效果如图5.88所示。

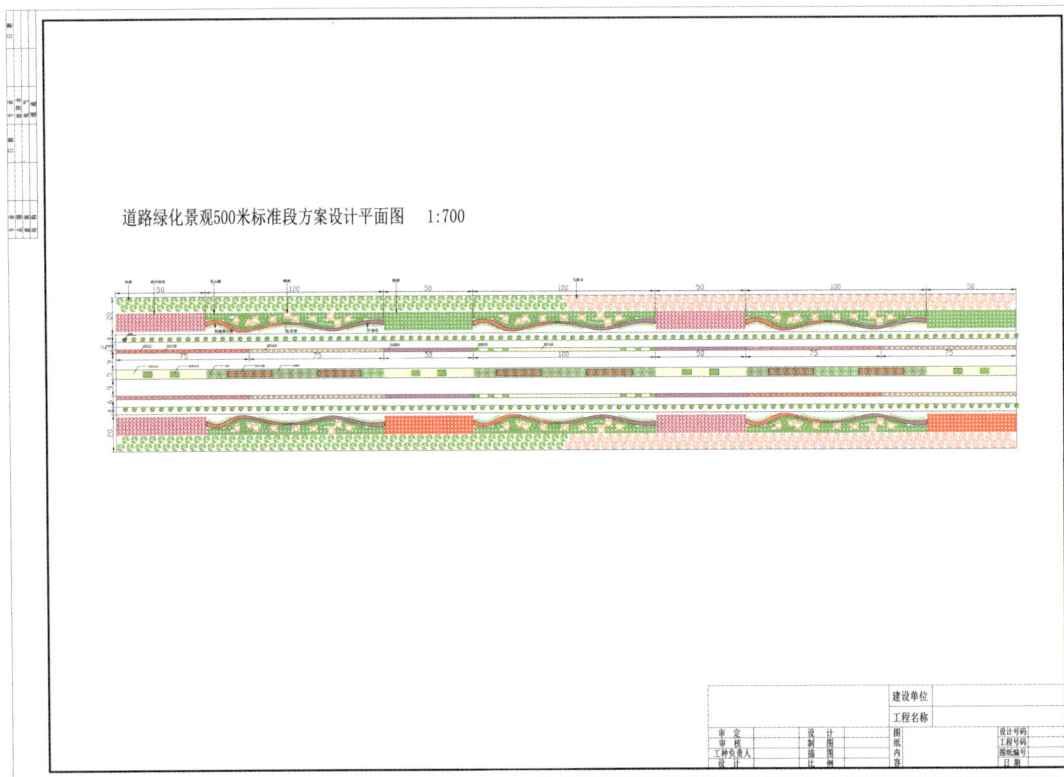

图5.88

[项目小结]

本项目详细向读者讲解了绘制园林设计方案图的方法,包括各类要素及文字标注等。熟练掌握本章内容有助于读者快速提高制图能力。

[能力拓展]

绘制配套素材源文件中项目5文件夹内"某庭院景观设计"图纸(图5.89)和"全国第四届绿化博览会江苏园"(图5.90)。

配套素材源文件

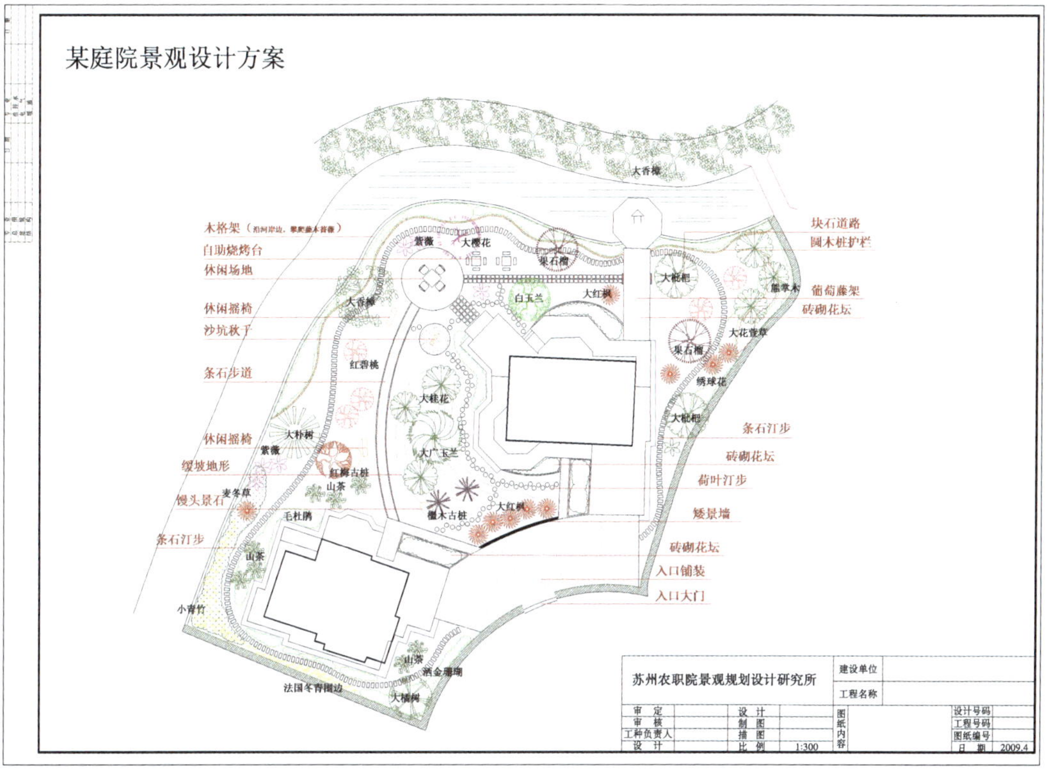
某庭院景观设计方案
大香樟
木格架（沿河岸边，攀爬藤本蔷薇）
自助烧烤台
休闲场地
休闲摇椅
沙坑秋千
条石步道
休闲摇椅
缓坡地形
馒头景石
条石汀步
紫薇
大樱花
果石榴
大香樟
白玉兰
大红枫
红香桃
大桂花
大朴树
紫薇
红梅古桩
山茶
麦冬草
毛杜鹃
大广玉兰
檵木古桩
大红枫
山茶
小青竹
山茶
洒金珊瑚
法国冬青围边
大橘树
块石道路
圆木桩护栏
大枇杷
黑松木
葡萄藤架
砖砌花坛
大花萱草
果石榴
绣球花
大枇杷
条石汀步
砖砌花坛
荷叶汀步
矮景墙
砖砌花坛
入口铺装
入口大门
苏州农职院景观规划设计研究所
建设单位
工程名称
审　定
审　核
工种负责人
设　计
设　计
制　图
描　图
比　例　1:300
图纸内容
设计号码
工程号码
图纸编号
日　期　2009.4

图5.89

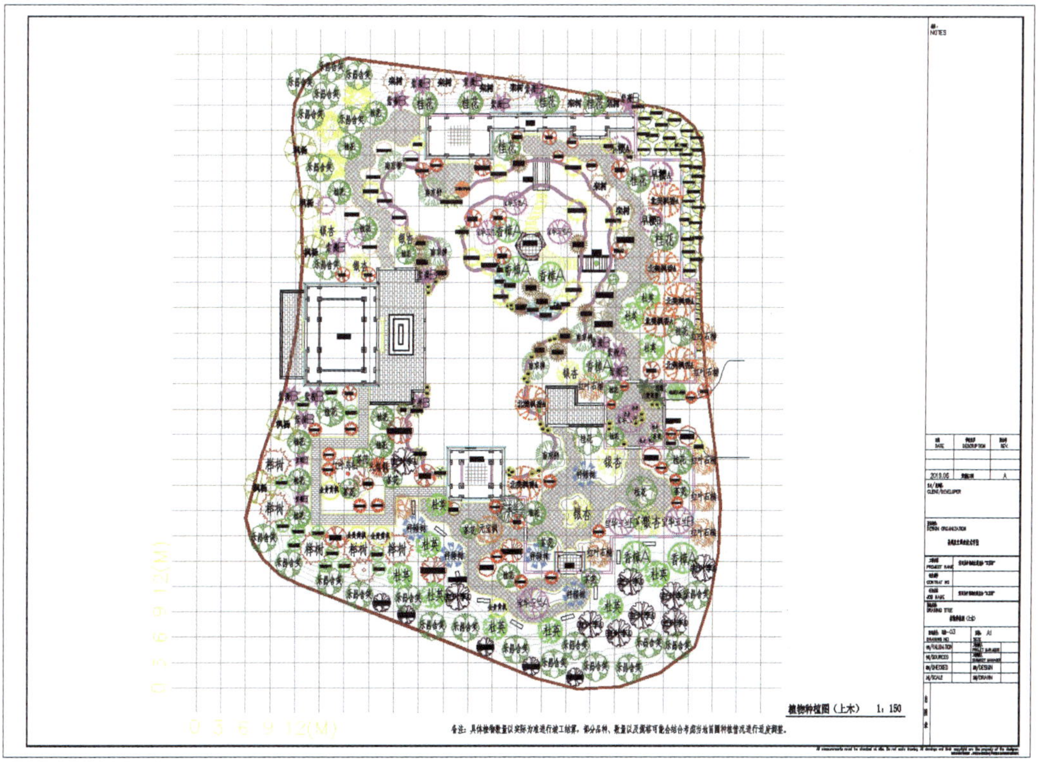
植物种植图（上木）　1：150
备注：具体植物数量以实际为准进行竣工结算，部分品种、数量以及规格可能会结合考虑当地苗圃种植情况进行适度调整。

图5.90

项目 6 园林工程施工图的绘制

[知识目标]

(1)掌握园林方案图中绿化工程量的统计方法。

(2)掌握园林方案图中土建工程量的统计方法。

(3)掌握施工图尺寸标注添加方法。

(4)掌握施工图布局打印设置方法。

[能力目标]

(1)能根据园林CAD制图标准规范绘制园林种植施工图。

(2)能根据园林CAD制图标准规范绘制园林建筑施工图。

能力测试

如何给园林建筑施工图添加尺寸标注与进行布局打印?

本项目提供下面园林桥梁施工图(图6.1),请读者添加尺寸标注与完成布局打印。

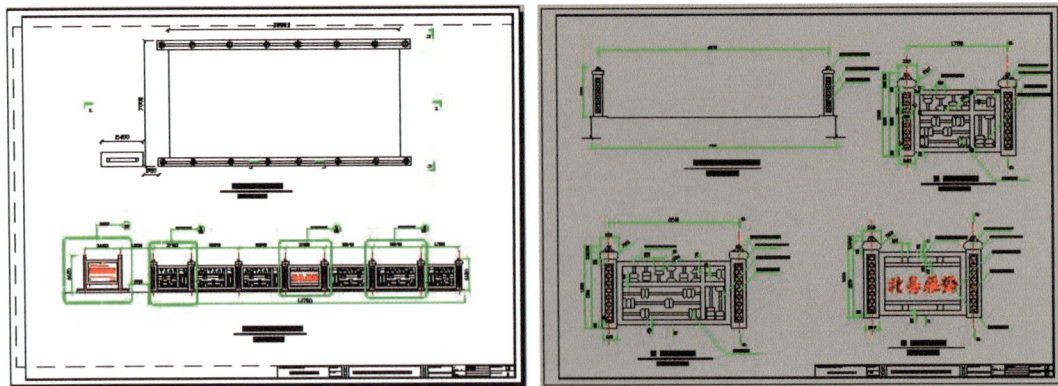

图6.1

6.1 园林种植施工图的绘制

植被是构成园林的基本要素之一,园林植物种植施工图是组织种植施工和养护管理、编制预算的重要依据。

园林植物种植施工图是表示植物位置、种类、数量、规格及种植类型的平面图,主要内容包括:坐标网格或定位轴线;建筑、水体、道路、山石等造园要素的水平投影图;地下管线或构筑物位置图;各种设计植物的图例及位置图;比例尺;风玫瑰图或指北针;主要技术要求及标题栏;苗木统计表;种植详图等。

6.1.1 园林种植施工图的绘制

以园林设计平面图为依据,绘制出建筑、水体、道路、山石等造园要素的水平投影图,并绘制出地下管线或构筑物的位置图,以确定植物的种植位置。

在绘制种植植物图例时,宜将各种植物按平面图中的图例,绘制在所设计的种植位置上,并以圆点表示出树干的位置。树冠大小按成龄后冠幅绘制。为了便于区别树种,计算株数,应将不同树种统一编号,标注在树冠图例内(采用阿拉伯数字),如图6.2所示。

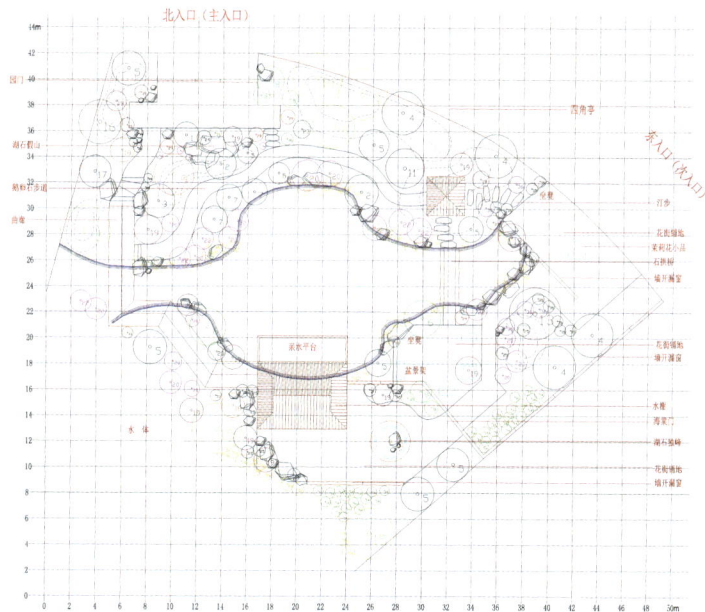

图6.2

通过运用图块重新定义的方法,可以方便地把已经绘制完成的园林设计方案图修改成园林种植施工图,修改完成后点击"另存为"即可。

①打开"花博会江苏园",最好是使用Purge(清除)命令对图纸进行清理,以清理掉多余的图块、文字样式、标注样式、空白图层等。这一步是很重要的,一来可以避免多余图块的干扰,二

来也可以减小图纸大小。

②根据植物配置表中各类植物的顺序,依次对植物图例进行修改,以"五针松"为例:

在平面图中找到"五针松"对应的图例,双击,显示如图6.3所示的对话框,单击"确定"按钮。进入块编辑器,如图6.4所示。

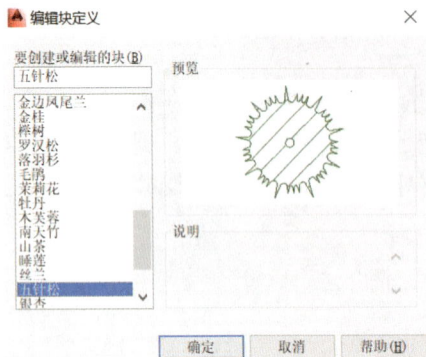
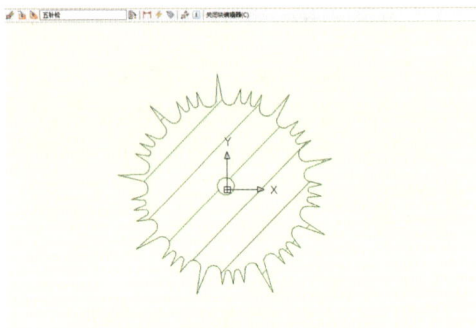

图6.3　　　　　　　　　　　　　　　　图6.4

将原图块中不需要的部分选中,按"Delete"键删除,留下中间的圆的部分。执行 circl 命令,画出半径为 1000 mm 的同心圆,如图6.5所示。

单击菜单栏绘图→文字→单行文字,在图形的右下角插入图例所对应的序号,如"五针松"所对应序号为1,则在右下角输入编号"1",文字高度设为 400 mm,旋转角度为0,如图6.6所示。

这样,"五针松"图块就修改完成了,单击"关闭块编辑器"按钮,出现如图6.7所示的对话框,单击"将更改保存到五针松(S)"按钮,保存对图块的修改。

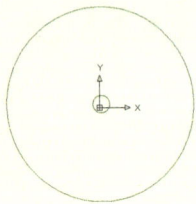
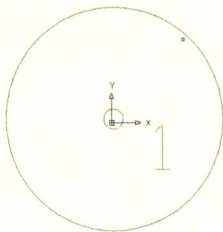
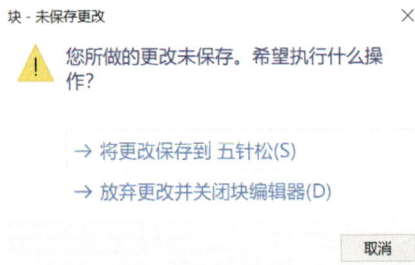

图6.5　　　　　　　　图6.6　　　　　　　　　　　　图6.7

这时候,我们可以看到,所有的"五针松"图块都被修改成了相对应的种植图例。我们用同样的方法,将其余的 35 种植物图例都修改成对应序号的种植图例,结果如图6.2所示。最后在图中适当位置,列表说明所设计的植物编号、树种名称、拉丁文名称、单位、数量、规格、出圃年龄等。

6.1.2　苗木数量统计和苗木表的制作

在园林图中统计苗木数量在很多初学者眼中是一个很大的工程量,特别是有些设计图中的植物种类上百种,而且分布的区域也很零散。

其实 CAD 自带了一个很好的统计苗木数量的命令,通过提取图块属性的方法,不仅能够一次统计所有的树木数量,还能自动生成苗木表,生成 CAD 表格或 xls 等格式的外部文件。

①打开"花博会江苏园",最好是使用 Purge(清除)命令对图纸进行清理,以清理掉多余的图块、文字样式、标注样式、空白图层等。这一步是很重要的,一来可以避免统计苗木数量时把不要的图块统计进去,二来也可以减小图纸大小。

②单击菜单栏→工具→数据提取(X),打开数据提取对话框。

如果你是第一次使用这个命令,并且没有定义样板文件,那么你只能选择"从头创建表或外部文件",如图 6.8 所示。

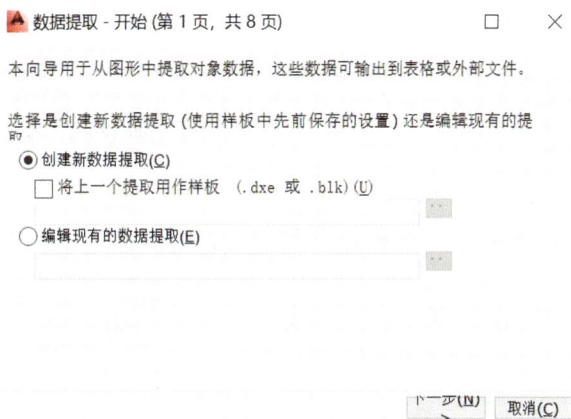

图 6.8

③单击"下一步"按钮进入下一个画面,输入文件名,如"花博会江苏园",如图 6.9 所示。

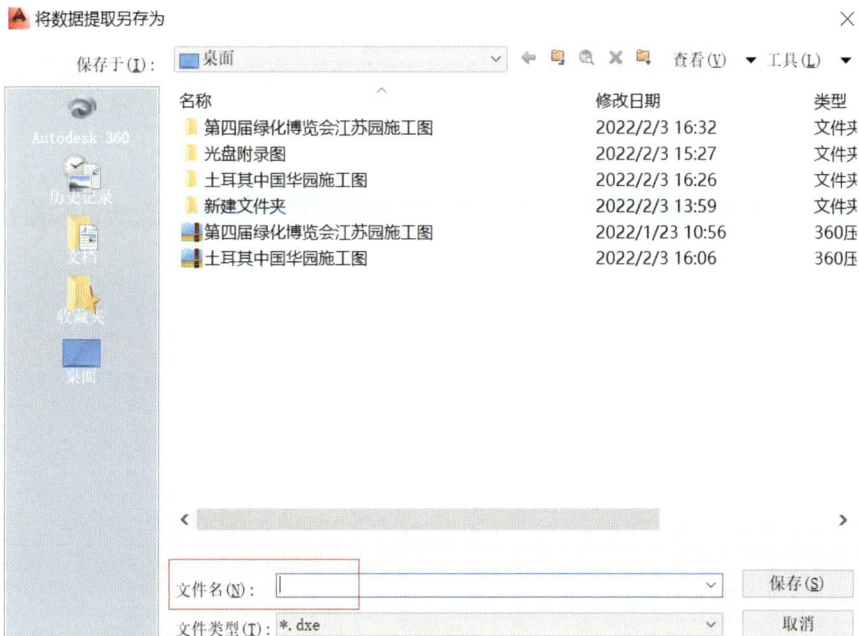

图 6.9

④单击"保存"按钮进入下一个画面,如图 6.10 所示。

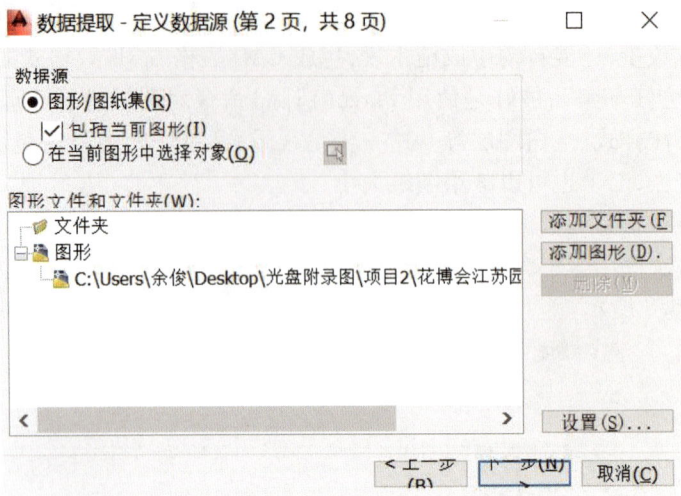

图 6.10

⑤单击"下一步"按钮进入下一个画面,勾选"仅显示块(B)",然后将非植物图例的图块勾选去掉,如图6.11所示。

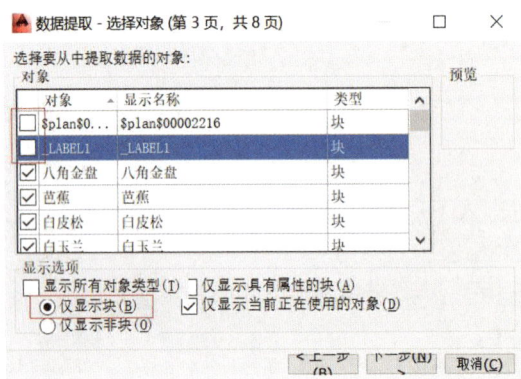

图 6.11

⑥单击"下一步"按钮进入下一个画面,由于这里仅需统计图块数量,所以其他特性都可以不选,仅保留"标题"即可,如图6.12所示。

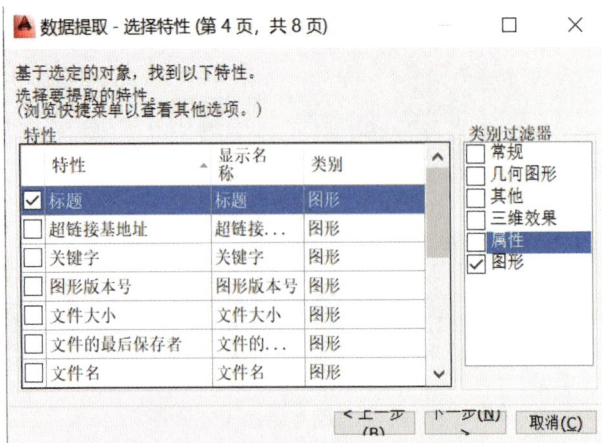

图 6.12

⑦单击"下一步"按钮进入下一个画面,如图6.13所示。

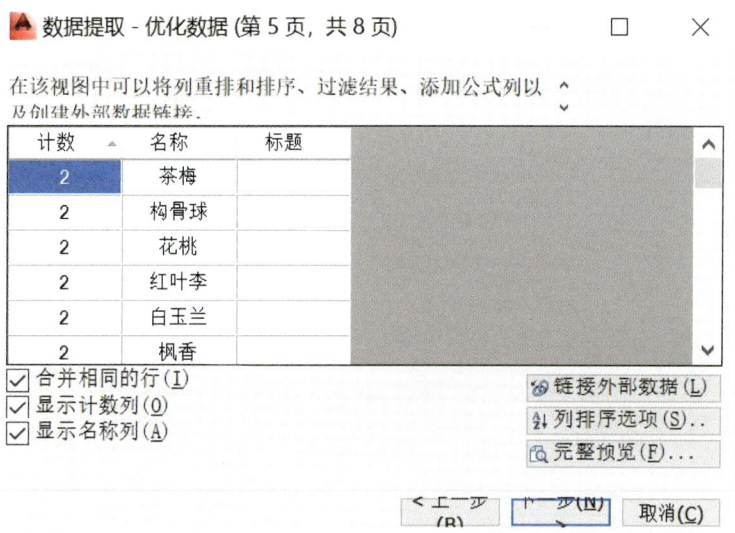

图6.13

⑧单击"下一步"按钮进入下一个画面,如图6.14所示。这一步可以选择"将数据提取处理表插入图形"还是"将数据输出至外部文件",建议选择".xls"格式的外部文件。

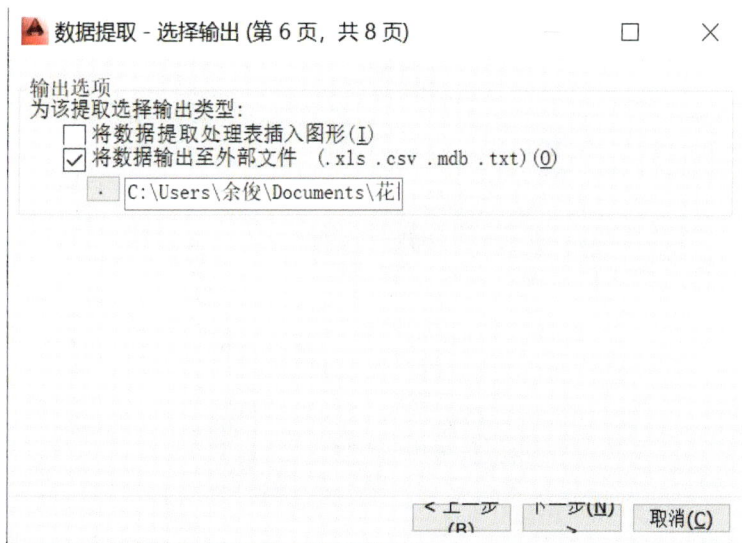

图6.14

⑨单击图6.14中 ┄ 位置,弹出"另存为"对话框,输入"花博会江苏园"文件名,选择保存的位置,然后单击"保存",如图6.15所示。

⑩单击"下一步"按钮进入下一个画面,单击"完成",如图6.16所示。

图6.17是数据提取自动生成的xls格式的外部文件,表格中的植物数量就是需要统计的苗木数量。

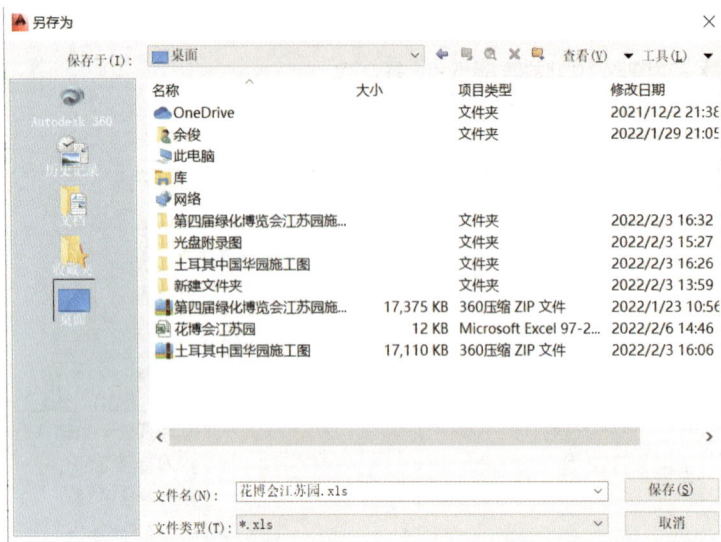

图 6.15

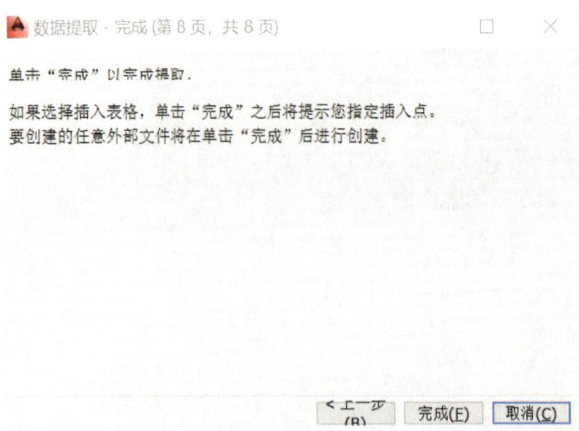

图 6.16

图 6.17

6.1.3　园林绿地面积的统计

在园林设计方案中,除了乔灌木的数量需要进行统计,一些色块、绿地区域同样需要统计,它的数量以种植区域的面积来进行统计,CAD 软件中专门提供了面积查询命令进行统计。

1)相关知识:面积查询

园林设计中 Area(面积)命令常被用于计算设计范围面积、铺装地面积、绿地面积、成片灌木的种植面积等。

①命令执行方式。

菜单栏:工具→查询→面积

命令行:Area

②操作命令内容。

命令:Area

指定第一个角点或[对象(O)/增加面积(A)/减少面积(S)] <对象(O)>:

③选项说明。

对象(O)——求封闭对象的面积。

增加面积(A)——相加模式下,将求出面积加入到总面积。

减少面积(S)——相减模式下,将求出面积从总面积中减去。

> **注意:**
> ①圆、椭圆、正多边形、矩形等基本图形和多段线绘制的闭合图形都是完整对象,可以直接用对象法查询。
> ②对象法和顶点法是两种查询面积的方法,其中对象法最为常用。

[课堂实训]

北入口东侧坡地上色块面积统计

该区域用样条曲线命令绘制而成,是一个完整的封闭对象(图6.18),可以使用对象法直接查询。

图6.18

命令:Area

指定第一个角点或[对象(O)/增加面积(A)/减少面积(S)] <对象(O)>:输入O,回车

选择对象:点击色块样条曲线区域

命令行显示:面积=6529039.4513 平方米,周长=10747.4337 米

面积取整,所以北入口东侧坡地上色块面积为6.5 平方米。

在进行植物色块面积统计时,有时候会遇到这些情况:

一是构成区域的物体不是一个完整的封闭对象,无法使用对象法进行查询;二是构成区域的物体中有曲线对象,无法使用顶点法进行查询。

所以在这些情况下,除了 join(合并命令)以外,我们提供两种技巧命令——边界和面域,帮助读者将要查询面积的对象制作成为一个完整对象,然后可以使用对象法进行查询。

2)相关知识:创建边界(Boundary)和面域(Region)命令

(1)边界命令(Boundary)

使用边界命令可以根据封闭区域内的任一指定点来自动分析该区域的轮廓,并可通过多段线或面域的形式保存下来。

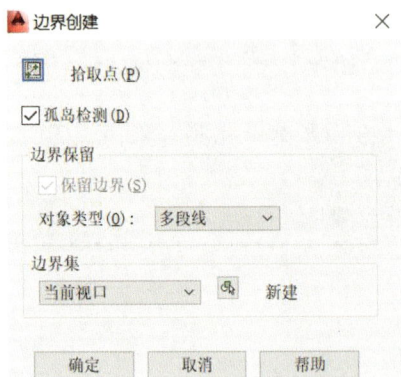

图 6.19

①命令执行方式。

菜单栏:绘图→边界

工具栏:

命令行:Bo

②操作命令内容。

命令:Bo

调用该命令后,系统弹出"边界创建"对话框,如图 6.19 所示。

③选项说明。

该选项卡是"边界图案填充"选项卡的一部分。在"边界创建"选项卡中可用的几个选项具体说明如下:

对象类型(O)——该下拉列表框中包括"多段线"和"面域"两个选项,用于指定边界的保存形式。

边界集——该选项用于指定进行边界分析的范围,其默认项为"当前视口",即在定义边界时,AutoCAD 分析所有在当前视口中可见的对象。用户也可以单击"新建"按钮回到绘图区,选择需要分析的对象来构造一个新的边界集,这时 AutoCAD 将放弃所有现有的边界集并用新的边界集替代它。

孤岛检测方法——孤岛是指封闭区域的内部对象。孤岛检测方法用于指定是否把内部对象包括为边界对象。

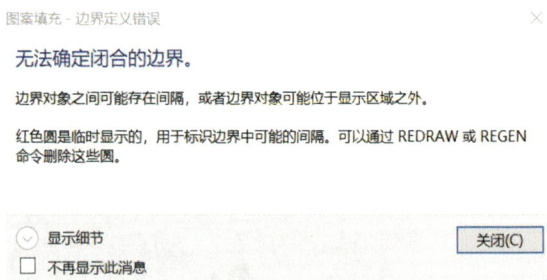

图 6.20

当用户完成以上设置后,可单击"拾取点"按钮,在绘图区中某封闭区域内任选一点,系统将自动分析该区域的边界,并相应生成多段线或面域来保存边界。如果用户选择的区域没有封闭,则系统会弹出如图 6.20 所示的"边界定义错误"选项卡进行提示,用户可重新进行选择。

(2)面域命令(Region)

在 AutoCAD 中,面域是一种比较特殊的二维对象,是由封闭边界所形成的二维封闭区域。面域的边界由端点相连的曲线组成,曲线上的每个端点仅连接两条边。

［课堂实训］

东入口处植物色块统计

东入口处植物色块共有3块区域,如图6.21所示都不是完整的封闭对象,所以先使用创建边界命令将3块区域分别做成完整的封闭对象,然后使用对象法查询面积。

要注意的是,这3个色块区域,由于有部分线条是由样条曲线组成的,在使用边界命令时,是无法生成多段线边界的,只能生成面域,但是面域同样是一个完整对象,可以使用对象法查询面积。

图6.21

①命令:Bo
②拾取内部点:在如图6.21所示的区域内任选一点;
③弹出如图6.22所示的对话框,单击"是";
④BOUNDARY已创建1个面域。

这样,一共生成了3个面域,如图6.23所示。

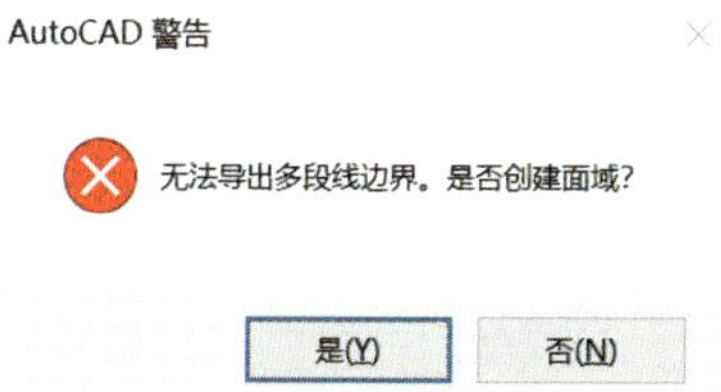

图6.22

图6.23

注意：如果使用边界命令仍然无法生成多段线边界或面域的话，可以人为绘制一条封闭多段线，再用对象法查询面积。

由于这3块色块种类相同，我们来学习面积查询命令中"相加模式"的运用，统计该区域色块总面积。

①命令：Area

②指定第一个角点或［对象(O)/增加面积(A)/减少面积(S)］ ＜对象(O)＞：输入A，回车。

③指定第一个角点或［对象(O)/增加面积(A)/减少面积(S)］ ＜对象(O)＞：输入O，回车。

（"加"模式）选择对象：选择第1个色块

面积＝6368650.8020平方米，周长＝13856.0469米

总面积＝6368650.8020平方米

（"加"模式）选择对象：选择第2个色块

面积＝11505663.1704平方米，周长＝23860.3539米

总面积＝17874313.9724平方米

（"加"模式）选择对象：选择第3个色块

面积＝2415047.9754平方米，周长＝9883.5011米

总面积＝20289361.9478平方米

④按回车键结束操作。

⑤结果面积取整，所以此区域色块面积为20.3平方米。

注意：相加模式不但可以得到几块区域的总面积，而且每块区域的单项面积也能够显示。

其他植物色块面积统计方法同上。

［课堂实训］

庭院图中草坪绿地的统计

将如图6.24所示的图层管理器中"小品""等高线""绿化""假山""方格网""文字"等图层全部冻结，可以明显看到草坪绿地的区域，如图6.25所示。

注意：从图6.25可以看出，这里有个技巧，当你在统计工程量时，使用边界命令去生成多段线边界或面域之前，可以将一些不相关的图层冻掉，冻结图层上的物体就不显现，这样统计的区域看起来更明显，而且在命令运行时速度也更快。

多次使用创建边界命令来创建草坪的边界线。

①命令：Bo

②拾取内部点：在如图6.26所示的区域内任选一点；

③BOUNDARY 已创建 1 个面域。

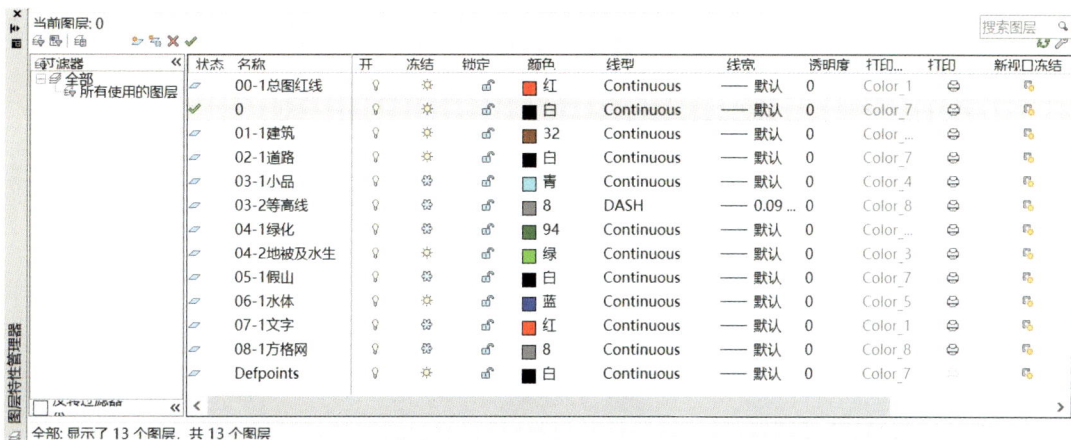

图6.24

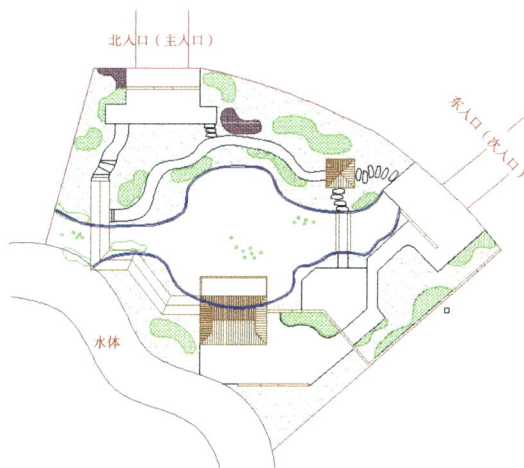

图6.25

这样一共可以创建6块多段线或面域,如图6.27所示,然后用对象法将这些区域的总面积统计出来。

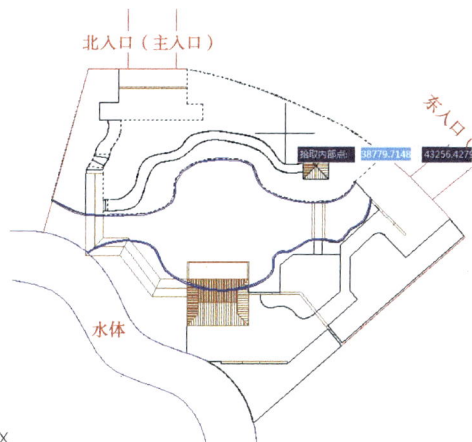

图6.26

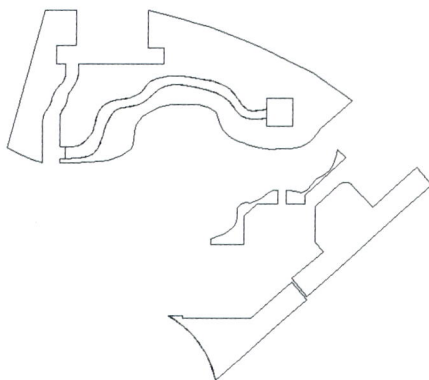

图6.27

这里需要注意的是,将6块区域的面积用"相加模式"统计后,还要用"相减模式"将中间的那个正方形(亭)和多余道路的面积减去才行。

命令:Area

指定第一个角点或[对象(O)/增加面积(A)/减少面积(S)] <对象(O)>:输入A,回车。

指定第一个角点或[对象(O)/增加面积(A)/减少面积(S)] <对象(O)>:输入O,回车。

("加"模式)选择对象:选择第1块草坪区域

面积 = 56398054.5904 平方米,长度 = 46192.9355 米

总面积 = 56398054.5904 平方米

("加"模式)选择对象:选择第2块草坪区域

面积 = 284247947.1970 平方米,周长 = 94827.2620 米

总面积 = 340646001.7874 平方米

("加"模式)选择对象:选择第3块草坪区域

面积 = 5582643.8432 平方米,周长 = 20094.7627 米

总面积 = 346228645.6306 平方米

("加"模式)选择对象:选择第4块草坪区域

面积 = 10775484.8362 平方米,周长 = 23470.1182 米

总面积 = 357004130.4668 平方米

("加"模式)选择对象:选择第5块草坪区域

面积 = 74651553.4666 平方米,长度 = 48670.1793 米

总面积 = 431655683.9333 平方米

("加"模式)选择对象:选择第6块草坪区域

面积 = 50534561.6272 平方米,周长 = 40942.4816 米

总面积 = 482190245.5606 平方米

("加"模式)选择对象:不选择对象,直接按回车

指定第一个角点或 [对象(O)/减(S)]:输入S,回车

指定第一个角点或 [对象(O)/加(A)]:输入O,回车

("减"模式)选择对象:选择多余道路

面积 = 30710619.6383 平方米,周长 = 57518.0680 米

总面积 = 451479625.9223 平方米

("减"模式)选择对象:选择那个正方形(亭子)

面积 = 8999999.9996 平方米,周长 = 12000.0000 米

总面积 = 442479625.9227 平方米

("减"模式)选择对象:不选择对象,直接按回车。

指定第一个角点或 [对象(O)/加(A)]:直接按回车。

根据统计结果取整,草坪总面积为442.5平方米。

6.2 园林建筑施工图的尺寸标注

在园林施工图中,尺寸标注是非常重要的工作,尽管施工图都是按比例输出的,但是在施工

建筑施工图

过程中,施工人员都是根据图上所标注的尺寸放样和施工的。尺寸标注必须符合制图标准,各行各业制图标准对尺寸标注的要求不完全相同,用户可根据需求创建尺寸的标注样式。因此,要完成桥施工图中尺寸标注的内容,我们要先来学习一下尺寸标注的相关知识。

6.2.1 相关知识:尺寸标注

1)尺寸标注基本术语

在施工图中,尺寸标注通常是由尺寸文本、尺寸线、尺寸界线和尺寸箭头4部分组成,如图6.28所示。

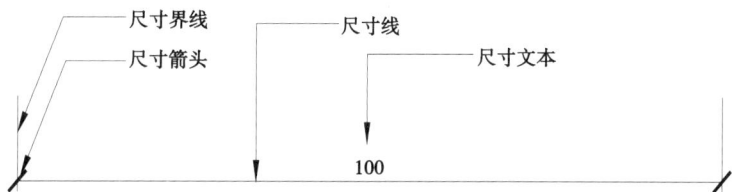

图6.28

在系统默认的情况下,AutoCAD 2014中的尺寸标注是作为一个整体出现的,即尺寸文本、尺寸线、尺寸界线和尺寸箭头4部分不是一个个单独的实体,而是共同构成的一个图块。因此,无论选择尺寸文本还是尺寸线,都将选中整个尺寸标注,如果对尺寸标注进行拉伸,那么尺寸文本也将发生相应的数值变化。尺寸标注的这种特性被称为尺寸的关联性。

2)定义尺寸标注样式(Dimstyle)

(1)命令执行方式

菜单栏:格式→标注样式

工具栏:📐

命令行:D

(2)操作命令内容

执行上述方式之一,系统会弹出"标注样式管理器"对话框,如图6.29所示。

(3)选项说明

样式——该区域中显示当前图形中已有的尺寸标注样式名称。

列出——用来控制样式名列表中所显示的尺寸标注样式名称的范围,例如是"所有样式"还是"正在使用样式"。

预览——"预览"后面显示的是当前尺寸标注样式的名称,该区域中的图形为当前尺寸标注样式的示例。

说明——显示的是当前尺寸标注样式的描述。

"置为当前""新建""修改""替代""比较"5个按钮分别用于设置当前的尺寸标注样式、创建新的尺寸标注样式、修改已有的尺寸标注样式、替代当前的尺寸标注样式和比较两种尺寸标注样式。

①设置当前尺寸标注样式。通过新建样式,如桥施工图里就新建了"DIM20"样式,这样系

统里就存在两种尺寸标注样式,用户需要使用哪种尺寸标注样式就将其设置为当前尺寸标注样式。在"标注样式管理器"对话框中选择"置为当前"即可。

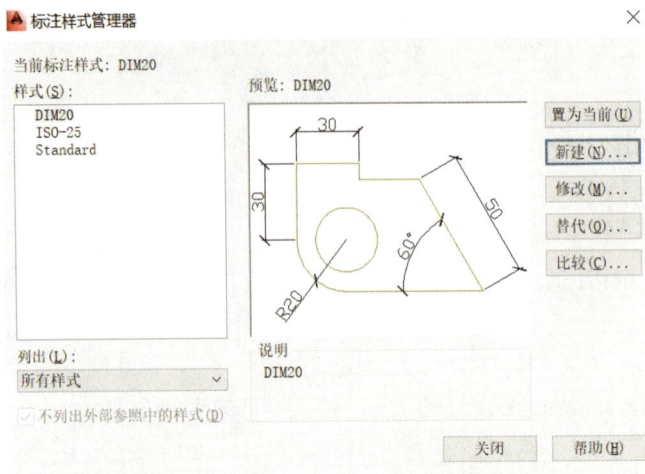

图 6.29

②创建新的尺寸标注样式。在"标注样式管理器"对话框中选择"新建",系统会弹出"创建新标注样式"对话框,如图 6.30 所示。单击"继续"按钮,系统会弹出"新建标注样式"对话框,如图 6.31 所示。

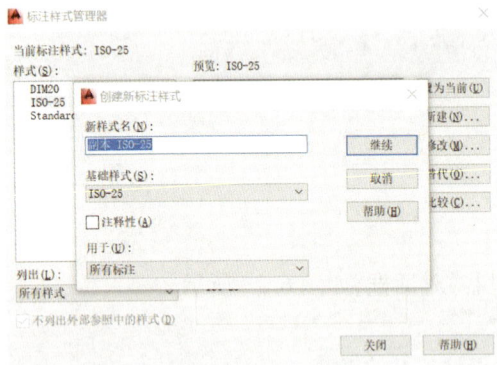

图 6.30

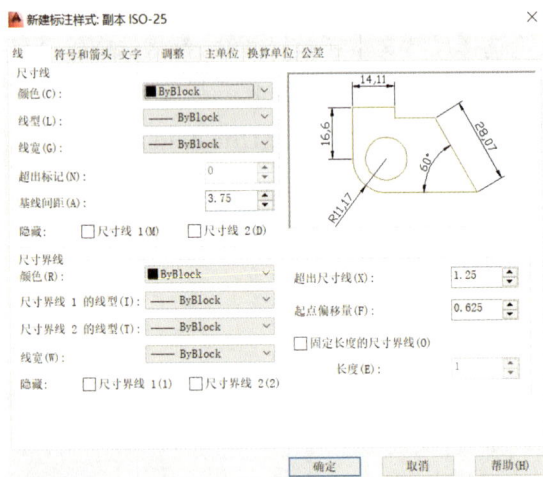

图 6.31

在默认情况下,系统会提供一种名叫"ISO-25"的标注样式,如图 6.30 所示。如新建样式,新标注样式默认的名称为"副本 ISO-25",而桥施工图中新建的样式叫"DIM20",为什么这么取名呢?

这里以桥图为例,讲解样式名称的取名原则。桥施工图内有几个图形,大小是不同的,为了打印美观,这些图形将来设置的输出比例是不同的,如桥正立面、侧立面、剖面、屋顶平面、底层平面都采用 1∶40 的比例输出;内侧立柱和外侧立柱剖面采用 1∶20 的比例输出;桥抱角和横档的放样图采用 1∶10 的比例输出(均为 A2 图幅,详见某桥施工图)。为了保证打印出来的尺寸标注的大小看起来是一样的,我们就需要设置 3 种尺寸标注样式(调整每种样式里的大小参数),1∶40的设置一种,1∶20的设置一种,1∶10的设置一种,而为了便于理解和记忆,我们就用DIM20表示1∶20的比例。

"新建标注样式"对话框主要是用来设置组成尺寸标注4个要素基本参数的,下面将分别介绍。

①直线选项。

a.尺寸线选项说明。

颜色——设置尺寸线的颜色,默认为随块(Byblock)。

线型——设置尺寸线的线型,默认为随块(Byblock)。

线宽——设置尺寸线的线宽,默认为随块(Byblock)。

超出标记——设置尺寸线超出尺寸界线的大小,系统默认为0。

基线间距——在进行基线尺寸标注时,两尺寸线之间的间距如图6.32所示,其中D为基线间距。

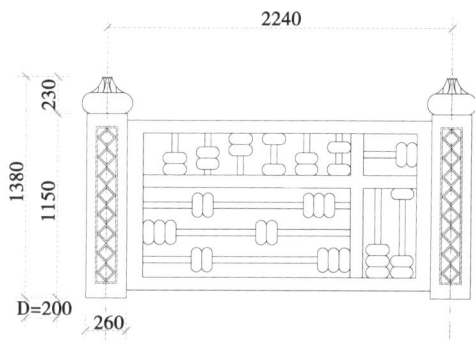

图6.32

隐藏——用户可以在"尺寸线1"和"尺寸线2"两个复选框中选择是否隐藏。

b.尺寸界线选项说明。

颜色——设置尺寸界线的颜色,默认为随块(Byblock)。

尺寸界线1——设置尺寸界线1的线型,默认为随块(Byblock)。

尺寸界线2——设置尺寸界线2的线型,默认为随块(Byblock)。

线宽——设置尺寸界线的线宽,默认为随块(Byblock)。

超出尺寸线——设置尺寸界线超出尺寸线部分的大小,如图6.33所示,超出尺寸线值分别为62.5和0。

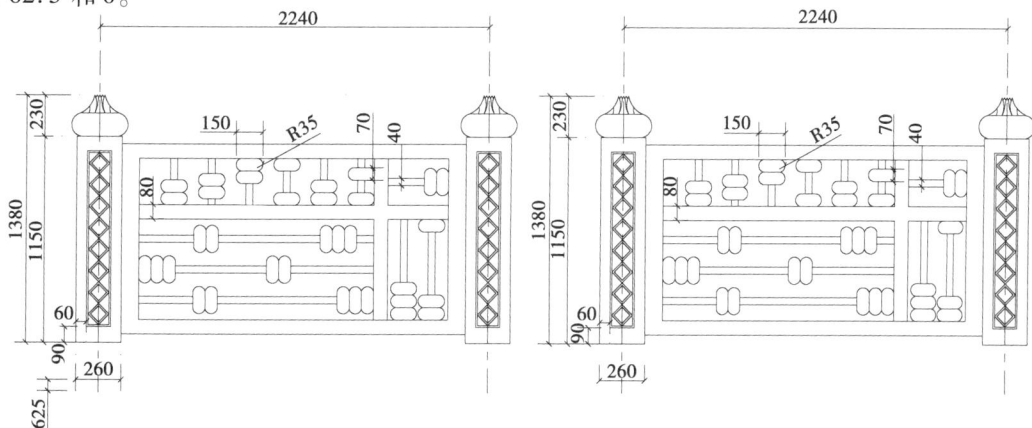

图6.33

起点偏移量——设置尺寸界线相对于要标注尺寸的图形对象起点的偏移距离,如图 6.34 所示,起点偏移量分别为 62.5 与 0。

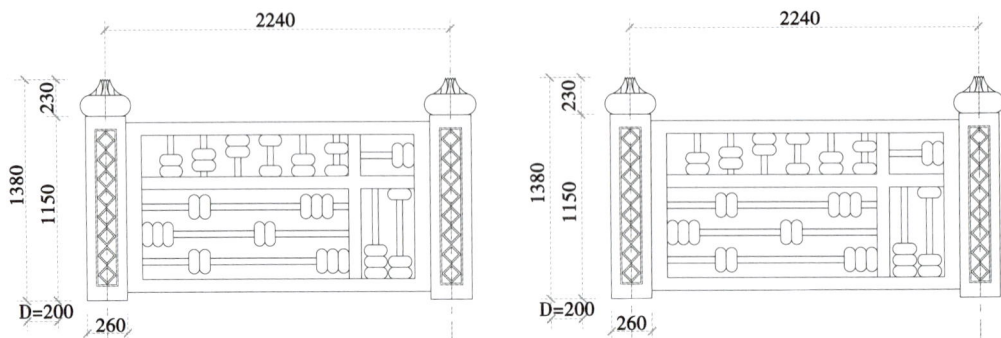

图 6.34

固定长度的尺寸界线——尺寸界线以设置的固定长度进行标注。

隐藏——用户可以在"尺寸界线 1""尺寸界线 2"两个复选框中选择是否隐藏。

②符号和箭头选项。在"新建标注样式"对话框中选择"符号和箭头",系统会弹出"符号和箭头"选项卡,如图 6.35 所示。

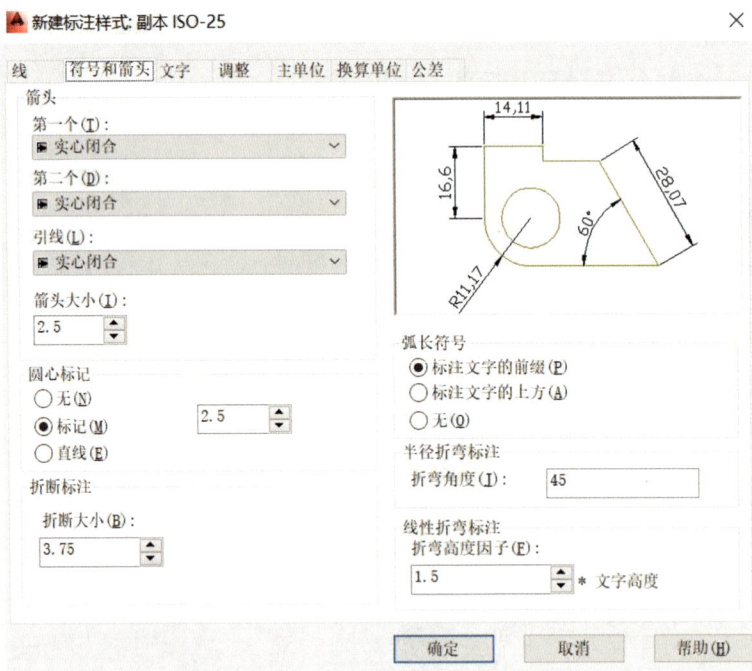

图 6.35

a.箭头选项说明:

第一项——设置第一条尺寸线的箭头。当改变第一个箭头的类型时,第二个箭头将自动改变,同第一个箭头相匹配。CAD 提供了大量箭头形式,详见"第一项"中的下拉列表,如图 6.36 所示。其中"建筑标记"箭头是绘制园林施工图必须使用的箭头形式。

第二项——选择第二条尺寸线的箭头形式。

引线——选择引线的起止点的形式。

箭头大小——设置所选箭头的大小,如若选择"倾斜"形式,则"箭头大小"是指倾斜线的大小;若选择"点"形式,则"箭头大小"是指圆点的大小。

b.圆心标记选项说明:

无——不对圆心进行标注。

标记——对圆心进行"小十字"标记。

直线——对圆心进行"大十字"标记。

大小——设置圆心标记的大小。

c.弧长符号选项说明:

标注文字的前缀——将圆弧符号设置在标注文字的前方。

标注文字的上方——将圆弧符号设置在标注文字的上方。

无——没有圆弧符号。

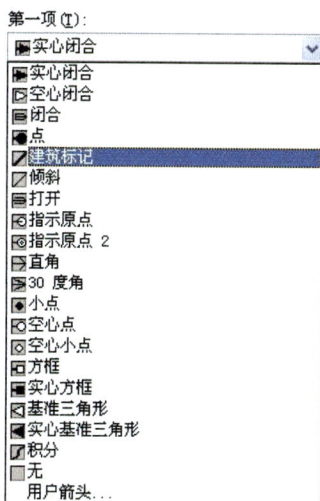

图 6.36

d.半径标注转弯选项说明:当圆弧或圆的中心位于布局外并且无法在其实际位置显示时,可以使用折弯半径标注在更方便的位置指定标注的原点。

折弯角度——设置折弯半径标注的转弯处的角度。

③文字。设置标注文字的外观、位置和对齐方式。在"新建标注样式"对话框中选择"文字",系统会弹出"文字"选项卡,如图6.37所示。

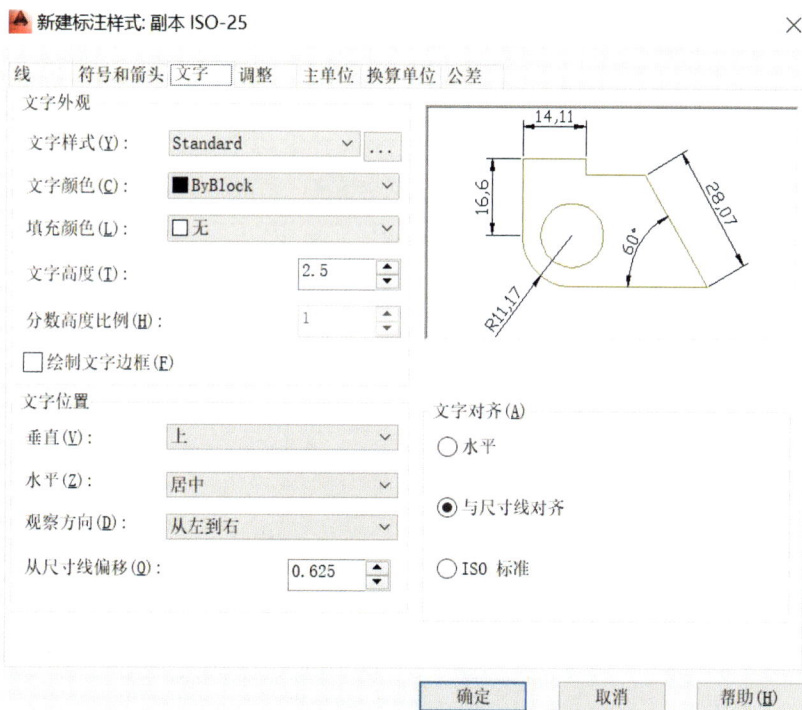

图 6.37

a.文字外观选项说明:

文字样式——显示和设置当前标注文字样式,可以从列表中选择一种样式。

文字颜色——设置标注文字的颜色。

填充颜色——设置标注中文字背景的颜色。

文字高度——设置当前标注文字样式的高度,可以在文本框中输入高度值。

分数高度比例——设置相对于标注文字的分数比例,可以在文本框中输入高度值。

绘制文字边框——在标注文字周围绘制一个边框。

b. 文字位置选项说明:

垂直——控制标注文字相对尺寸线的垂直位置。

水平——控制标注文字在尺寸线上相对于尺寸界线的水平位置。

从尺寸线偏移——设置当前文字与尺寸线之间的距离,如图 6.38 所示,尺寸文字"550"偏移尺寸线的距离分别为 20 mm 与 50 mm。

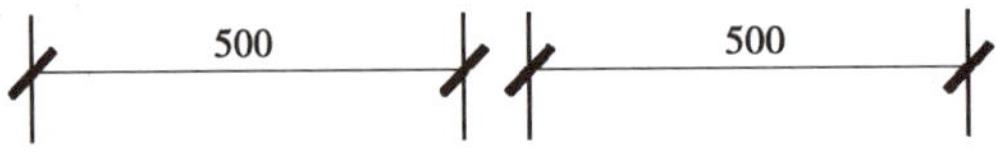

图 6.38

c. 文字对齐选项说明:

水平——水平放置文字。

与尺寸线对齐——文字与尺寸线对齐。

ISO 标准——当文字在尺寸界线内时,文字与尺寸线对齐;当文字在尺寸界线外时,文字水平排列。

④调整。控制标注文字、箭头、引线和尺寸线的位置。在"新建标注样式"对话框中选择"调整",系统会弹出"调整"选项卡,如图 6.39 所示。

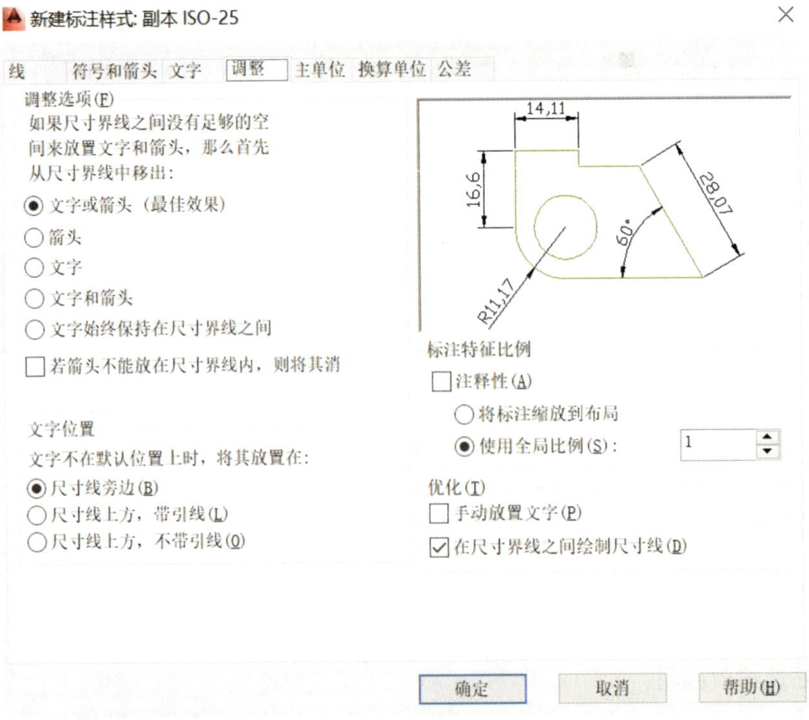

图 6.39

　　a. 调整选项说明:控制基于尺寸界线之间可用空间的文字和箭头的位置。

　　文字或箭头(最佳效果)——按最佳布局方式进行调整,将文字或箭头移动到尺寸界线外部。

　　箭头——先将箭头移动到尺寸界线外部,然后移动文字。

　　文字——先将文字移动到尺寸界线外部,然后移动箭头。

　　文字和箭头——当尺寸界线间距不足以放下文字和箭头时,文字和箭头都将移动到尺寸界线外。

　　文字始终保持在尺寸界线之间——始终将文字放在尺寸界线之间。

　　若不能放在尺寸界线内,则消除箭头——如果尺寸界线内没有足够的空间,则消除箭头。

　　b. 文字位置选项说明:尺寸线旁边——用来控制当尺寸数字不在默认位置时,尺寸线旁边放置尺寸数字。

　　尺寸线上方,带引线——用来控制当尺寸数字不在默认位置时,若尺寸数字和箭头都不足以放到尺寸界线内,可移动鼠标绘出一条引线标注尺寸数字。

　　尺寸线上方,不带引线——用来控制当尺寸数字不在默认位置时,若尺寸数字和箭头都不足以放到尺寸界线内,呈引线模式但不绘出引线。

　　c. 标注特征比例选项说明:使用全局比例——为所有标注样式设置一个比例,这些设置指定了大小、距离或间距,包括文字和箭头大小。该缩放比例并不更改标注的测量值。

　　将标注缩放到布局——根据当前模型空间视口和图纸空间之间的比例确定比例因子。

　　d. 优化选项说明:

　　手动放置文字——忽略所有水平对正设置,并把文字放在"尺寸线位置"提示下指定的位置。

　　在尺寸界线之间绘制尺寸线——即使箭头放在测量点之外,也在测量点之间绘制尺寸线。

　　⑤主单位。设置主标注单位的格式和精度,并设置标注文字的前缀和后缀。在"新建标注样式"对话框中选择"主单位",系统会弹出"主单位"选项卡,如图 6.40 所示。

　　a. 线性标注选项说明:

　　单位格式——设置除角度之外的所有标注类型的当前单位格式,如科学、小数、工程等。

　　精度——显示和设置标注文字中的小数点后保留的位数。

　　分数格式——设置分数格式。

　　小数分隔符——设置用于十进制格式的分隔符。

　　舍入——为除"角度"之外的所有标注类型设置标注测量值的舍入规则。如果输入 10,则所有标注距离都以 10 为单位进行舍入。小数点后显示的位数取决于"精度"设置。

　　前缀——在标注文字中包含前缀。

　　后缀——在标注文字中包含后缀。

　　b. 测量单位比例选项说明:

　　比例因子——设置线性标注测量值的比例因子。

　　仅应用到布局标注——仅将测量单位比例值应用于布局视口中创建的标注。

　　c. 消零选项说明:

　　前导——是否显示所有十进制标注中的前导零,如 0.4000 变成.4000。

　　后续——是否显示所有十进制标注中的后续零,如 33.3000 变成 33.3。

　　d. 角度标注选项说明:

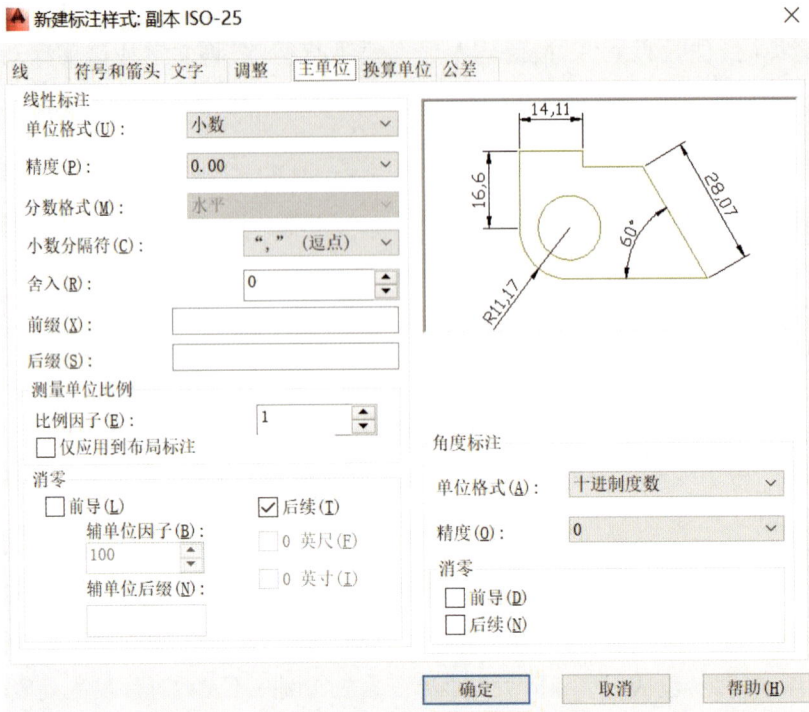

图 6.40

单位格式——设置角度单位格式。

精度——设置角度标注的小数位数。

e. 消零选项说明:

前导——是否显示角度基本尺寸标注中的前导零。

后续——是否显示角度基本尺寸标注中的后续零。

(4)修改标注样式

要修改某一尺寸标注样式,只需在"标注样式管理器"对话框中的"样式"下拉表中选择要修改的尺寸标注样式,然后单击"修改"按钮,就会弹出"修改标注样式"对话框。该对话框中的参数设置与"创建新的尺寸标注样式"对话框中完全一致,其操作方法也一样。

注意: 使用"修改标注样式"对某种尺寸样式进行修改时,那么图形中已有的此样式尺寸标注和即将要进行的尺寸标注都将按修改后的标注样式进行标注。

(5)替代当前的标注样式

用户在进行尺寸标注时,常会遇到一些尺寸的标注与所设的尺寸样式略有差别的情况,如果修改所设的尺寸样式,将导致所有该样式的尺寸标注发生变化,如果新建一个尺寸样式,又会导致样式过多引起混乱。而使用"替代当前的标注样式"功能,则可以创建一种临时的尺寸标注样式,如图 6.41 所示,很方便地解决了这一问题。

若要替代当前的标注样式,只需在"标注样式管理器"对话框中的"样式"下拉表中选择想要修改的尺寸标注样式,然后点击"替代"按钮,就会弹出"替代当前标注样式"对话框。该对话框中的参数设置与"创建新的尺寸标注样式"对话框中的完全一致。

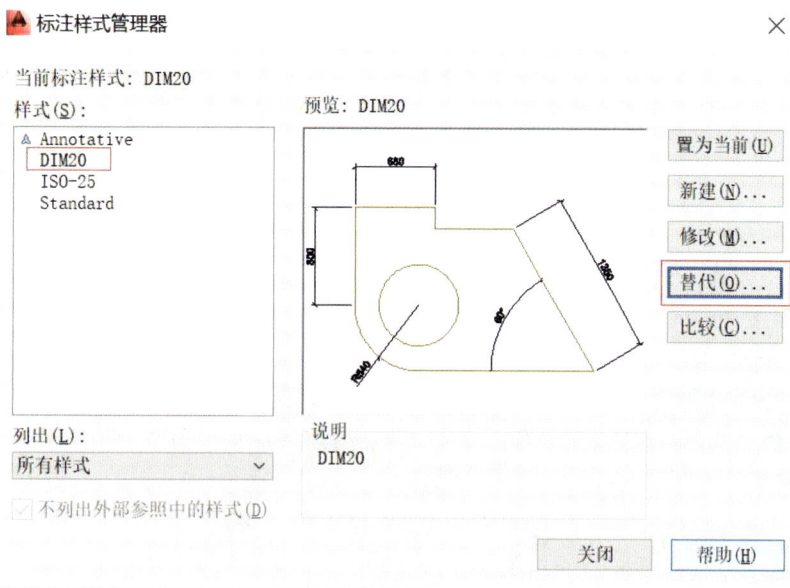

图6.41

(6)两种尺寸标注样式的比较

在施工图中,因为要满足不同的标注需求可能设置了较多的尺寸样式。通过前面章节的学习可以发现,任何一个尺寸样式的设置都包含了许多参数,需要打开很多对话框,因而在选择尺寸样式时容易造成混乱,"比较标注样式"可以帮助我们比较不同的尺寸标注样式的区别。

现在我们来比较一下桥施工图中的两种尺寸标注样式,在"标注样式管理器"对话框中点击"比较"按钮,弹出"比较标注样式"对话框,如图6.42所示,系统将显示两种样式设定的区别。

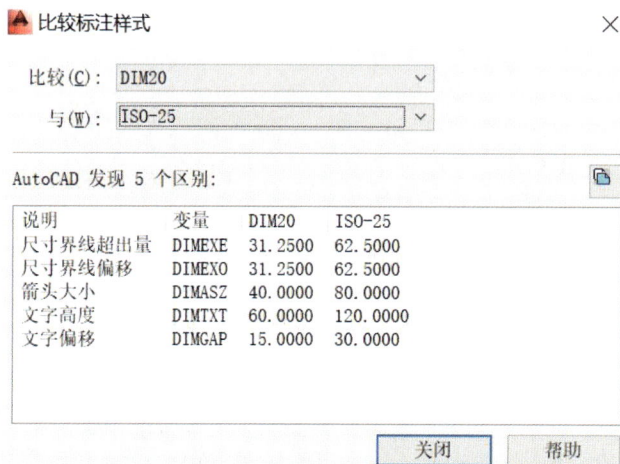

图6.42

3)尺寸标注

在设定好尺寸标注样式后,可以进行尺寸标注。AutoCAD提供了多种尺寸标注命令,下面我们介绍其中常用的几种。

（1）线性尺寸标注

可以创建尺寸线水平、垂直的直线尺寸。

①命令执行方式。

菜单栏：标注→线性

工具栏：⊢┤

命令行：Dimlinear

②操作命令内容。

命令：执行上述命令之一

指定第一条尺寸界线原点或（选择对象）；

指定第二条尺寸界线原点；

指定尺寸线位置或［多行文字（M）/文字（T）/角度（A）/水平（H）/垂直（V）/旋转（R）］。

③选项说明。

指定第一条尺寸界线原点或（选择对象）——设定第一条尺寸界线的位置。若直接按 Enter 键，系统会提示用户选择要标注的对象。

指定第二条尺寸界线原点——设定第二条尺寸界线的位置。

指定尺寸线位置——两个尺寸界线的位置设定好后，系统显示可以移动的尺寸标注，用户根据图面需要，找到合适的尺寸线的位置。

多行文字（M）——用户可通过多行文字编辑器来编辑要注写的文字，改变系统自动标注的尺寸值。

文字（T）——通过输入单行文字来改变系统自动标注的尺寸值。

角度（A）——设定文字的倾斜角度。

水平（H）——设定尺寸线的水平标注。

垂直（V）——设定尺寸线的垂直标注。

旋转（R）——设定一个旋转角度进行标注。

［课堂实训］

标注楼梯的尺寸，如图 6.43 所示。

命令：⊢┤

指定第一条尺寸界线原点或（选择对象）：单击楼梯段右侧端点 A。

指定第二条尺寸界线原点：单击楼梯段最后一步踏步端点 B。

指定尺寸线位置或［多行文字（M）/文字（T）/角度（A）/水平（H）/垂直（V）/旋转（R）］：输入 T 并按回车。

输入标注文字 <2340> :9 * 260 = 2340。

指定尺寸线位置或［多行文字（M）/文字（T）/角度（A）/水平（H）/垂直（V）/旋转（R）］：移动尺寸线到适当的位置，按鼠标左键结束命令。

使用同样的方法，完成长度 800 和 2600 的标注。

（2）对齐尺寸标注

可以创建与指定位置或对象平行的标注。

①命令执行方式。

菜单栏:标注→对齐

工具栏: ↖

命令行:Dimaligned

②操作命令内容。

命令:执行上述命令之一

指定第一条尺寸界线原点或(选择对象);

指定第二条尺寸界线原点;

指定尺寸线位置或[多行文字(M)/文字(T)/角度(A)]。

③选项说明。

指定第一条尺寸界线原点或(选择对象)——设定第一条尺寸界线的位置。若直接按 Enter 键,系统会提示用户选择要标注的对象。

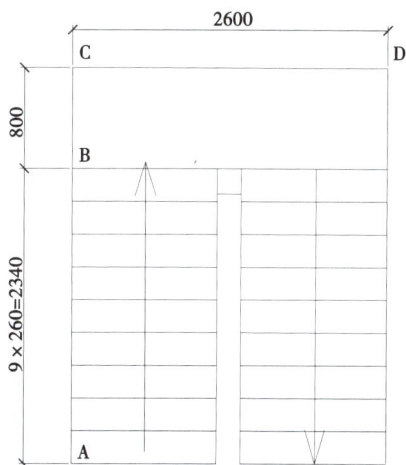

图 6.43

指定第二条尺寸界线原点——设定第二条尺寸界线的位置。

指定尺寸线位置——两个尺寸界线的位置,设定好后系统显示可以移动的尺寸标注,用户根据图面需求找到合适的尺寸线的位置。

多行文字(M)——用户可通过多行文字编辑器来编辑要注写的文字,改变系统自动标注的尺寸值。

文字(T)——通过输入单行文字来改变系统自动标注的尺寸值。

角度(A)——设定文字的倾斜角度。

(3)半径标注

可以对圆弧、圆进行半径标注。

①命令执行方式。

菜单栏:标注→半径

工具栏: ◔

命令行:Dimradius

②操作命令内容。

命令:执行上述命令之一

选择圆弧或圆

标注文字

指定尺寸线位置或[多行文字(M)/文字(T)/角度(A)]。

③选项说明。

选择圆弧或圆——选择想要标注的圆弧或圆。

指定尺寸线位置——两个尺寸界线的位置设定好后,系统显示可以移动的尺寸标注,用户根据图面需求找到合适的尺寸线位置。

多行文字(M)——用户可通过多行文字编辑器来编辑要注写的文字,改变系统自动标注的尺寸值。

文字(T)——通过输入单行文字来改变系统自动标注的尺寸值。

角度(A)——设定文字的倾斜角度。

（4）角度标注

可以对角度进行标注。

①命令执行方式。

菜单栏：标注→角度

工具栏：△

命令行：Dimangular

②操作命令内容。

命令：执行上述命令之一

选择圆弧、圆、直线或＜指定顶点＞；

选择第二条直线；

指定标注弧线位置或［多行文字（M）/文字（T）/角度（A）］：

标注文字

③选项说明。

选择圆弧、圆、直线或＜指定顶点＞——选择组成夹角的第一个对象，如圆弧、圆、直线。如果直接按 Enter 键，则为"指定顶点"标注角度，系统会提示"指定角的第一个端点："和"指定角的第二个端点："来确定角度。

选择第二条直线——选择组成夹角的第二个对象。

指定标注弧线位置——指定圆弧尺寸线的位置。

（5）连续标注

连续标注是首尾相连的多个标注。

①命令执行方式。

菜单栏：标注→连续

工具栏：┡┥┥

命令行：Dimcontinue

②操作命令内容。

命令：执行上述命令之一

指定第二条尺寸界线原点或［放弃（U）/选择（S）］＜选择＞：

标注文字

选择连续标注。

> **注意**：在创建连续标注之前，必须创建线性、对齐或角度标注，此命令可以快速地标注首尾相连的若干个连续尺寸。

[**课堂实训**]

用连续标注法标注桥立柱剖面尺寸，如图 6.44 所示。

①命令：┡┥

指定第一条尺寸界线原点或＜选择对象＞：单击端点 A 处。

指定第二条尺寸界线原点：单击端点 B 处。

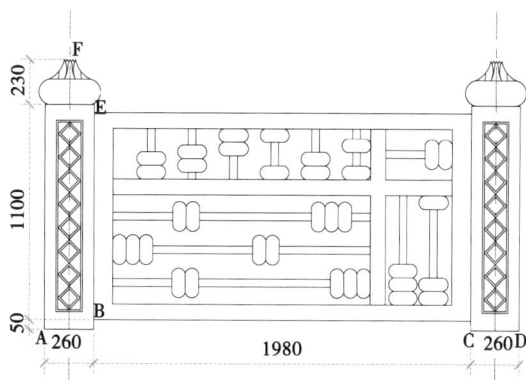

图 6.44

指定尺寸线位置或[多行文字(M)/文字(T)/角度(A)/水平(H)/垂直(V)/旋转(R)]:移动尺寸线到适当的位置,按鼠标左键结束命令。

标注文字 = 260。

②命令:卌

指定第二条尺寸界线原点或[放弃(U)/选择(S)]<选择>:点击端点 C 处。

标注文字 = 1980。

指定第二条尺寸界线原点或[放弃(U)/选择(S)]<选择>:点击端点 D 处。

标注文字 = 260。

指定第二条尺寸界线原点或[放弃(U)/选择(S)]<选择>:按 Enter 键。

选择连续标注:按 Enter 键结束命令。

③命令:卜

指定第一条尺寸界线原点或<选择对象>:点击端点 A 处。

指定第二条尺寸界线原点:点击端点 B 处。

指定尺寸线位置或[多行文字(M)/文字(T)/角度(A)/水平(H)/垂直(V)/旋转(R)]:移动尺寸线到适当的位置,按鼠标左键结束命令。

标注文字 = 50。

④命令:卌

指定第二条尺寸界线原点或[放弃(U)/选择(S)]<选择>:点击端点 E 处。

标注文字 = 1100。

指定第二条尺寸界线原点或[放弃(U)/选择(S)]<选择>:点击端点 F 处。

标注文字 = 230。

指定第二条尺寸界线原点或[放弃(U)/选择(S)]<选择>:按 Enter 键。

选择连续标注:按 Enter 键结束命令。

(6)基线标注

基线标注是自同一基线处测量的多个标注。

①命令执行方式。

菜单栏:标注→基线

工具栏:卜

命令行:Dimbaseline

②操作命令内容。

命令:执行上述命令之一

指定第二条尺寸界线原点或［放弃(U)/选择(S)］＜选择＞:

标注文字

选择基准标注。

注意:在创建基线标注之前,必须创建线性、对齐或角度标注,此命令可以快速地标注从同一个尺寸界线处测量的相互平行尺寸。

[课堂实训]

用基线标注法在图 6.44 的基础上继续完成标注尺寸,如图 6.45 所示。

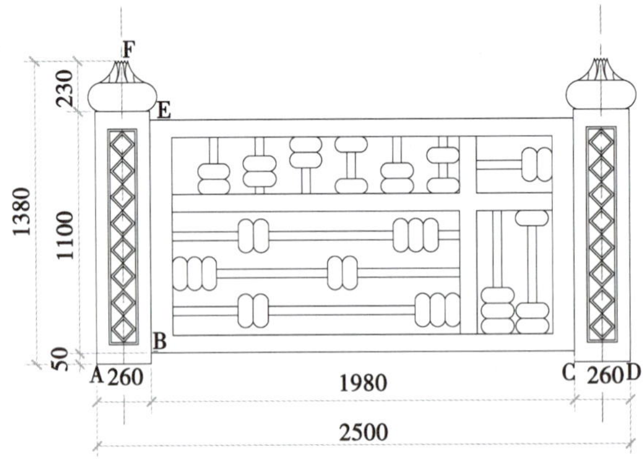

图 6.45

①命令:

指定第二条尺寸界线原点或[放弃(U)/选择(S)]＜选择＞:输入 S。

选择基准标注:选择左下角为 260 的横向标注。

指定第二条尺寸界线原点或[放弃(U)/选择(S)]＜选择＞:单击端点 D 处。

标注文字 =2500。

选择基准标注:按 Enter 键结束命令。

②命令:

指定第二条尺寸界线原点或[放弃(U)/选择(S)]＜选择＞:输入 S。

选择基准标注:选择左下角为 50 的纵向标注。

指定第二条尺寸界线原点或[放弃(U)/选择(S)]＜选择＞:单击端点 F 处。

标注文字 =1380。

选择基准标注:按 Enter 键结束命令。

6.2.2　添加桥施工图尺寸标注

在前面学习完尺寸标注的相关知识后,接下来,我们来为素材源文件中的"桥原图"添加尺寸标注。

1)新建桥施工图标注样式

前面章节在学习新建标注样式时,曾提到,桥原图中的各类图形将会分别采用1∶40、1∶20和1∶10进行比例输出,所以就需要创建3种尺寸标注样式(调整每种样式里的参数)。

现在我们来具体讲解一下。

首先是桥抱角和横档的放样图采用1∶10的比例输出,观察原图可以发现,这2个图形上面并没有标注尺寸,所以DIM10就不用设置了;内侧立柱和外侧立柱剖面采用1∶20的比例输出,这需要创建名称叫"DIM20"的标注样式;桥正立面、侧立面、剖面、屋顶平面、底层平面都采用1∶40的比例输出,本来应该创建"DIM40"的标注样式,但系统本身提供了"ISO-25"的样式,我们可以通过调整"ISO-25"的参数来代替"DIM40"的创建。因此,我们最后得到的结论是调整"ISO-25"的参数和创建"DIM20"的标注样式(为了保证打印出来的尺寸标注的大小看起来是一样的,将"DIM20"标注样式的参数设置成"ISO-25"参数的一半)。

另外注意,园林桥施工图中的尺寸文字是黑体,所以先使用"Style"(文字样式)命令将standard样式对应的字体改成"黑体"。

(1)调整"ISO-25"标注样式

①打开"标注样式管理器",在样式框中选择"ISO-25",点击修改。

②直线选项卡设置如图6.46所示。

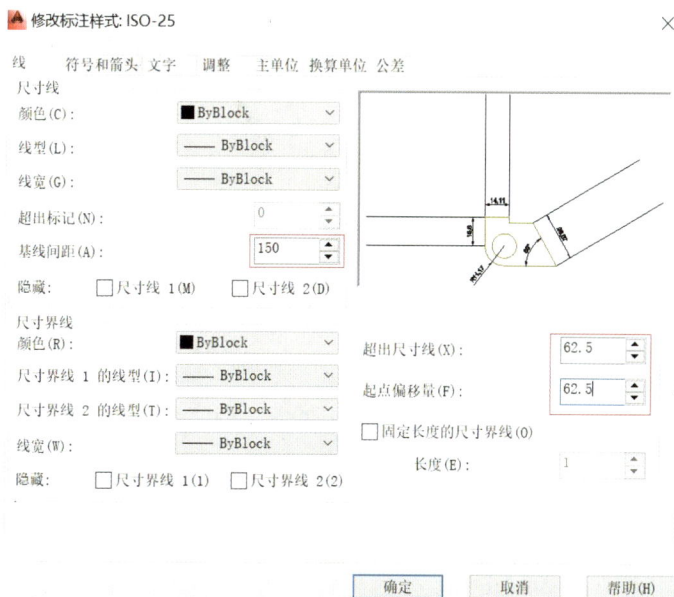

图6.46

③符号和箭头选项卡设置如图 6.47 所示。

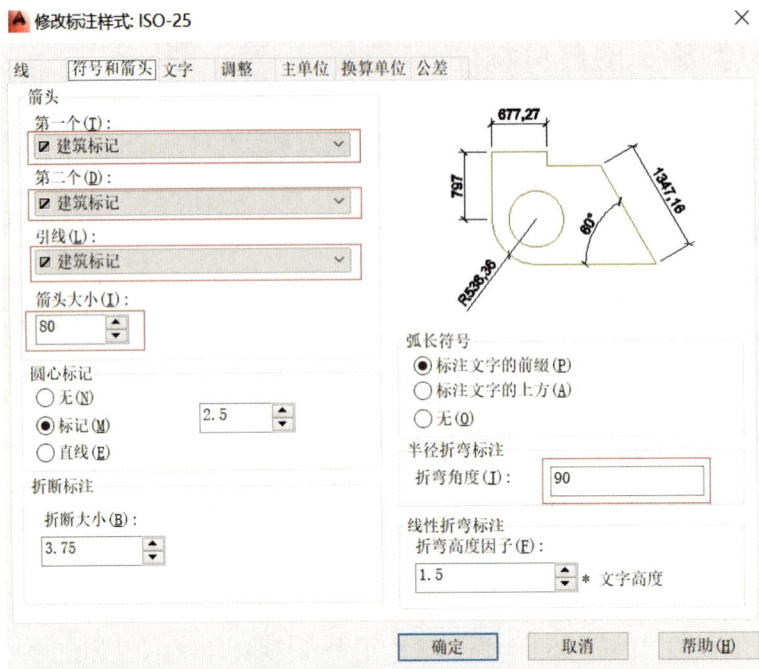

图 6.47

④文字选项卡设置如图 6.48 所示。

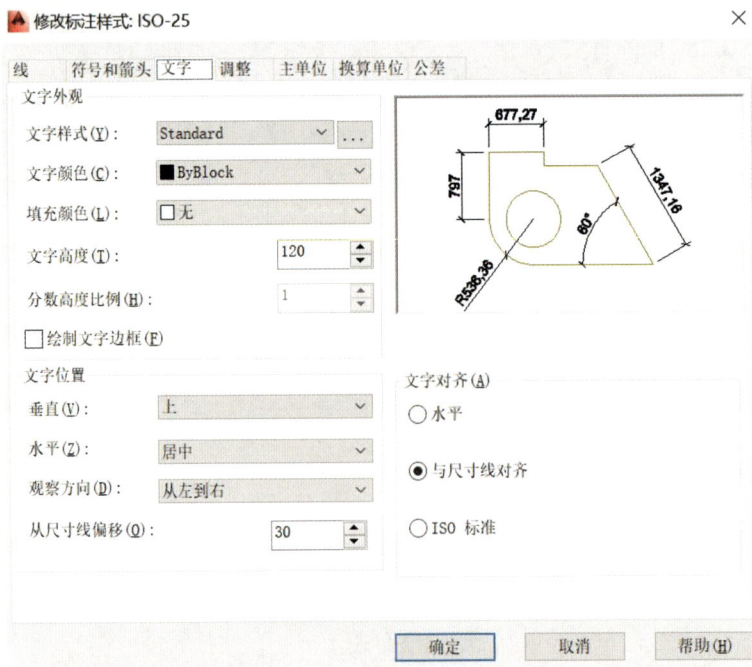

图 6.48

⑤主单位选项卡设置如图 6.49 所示。

（2）创建"DIM20"标注样式

①打开"标注样式管理器"，单击"新建"，在新样式名中输入"DIM20"，单击继续，在"ISO-25"的基础样式上进行参数调整，如图6.50所示。

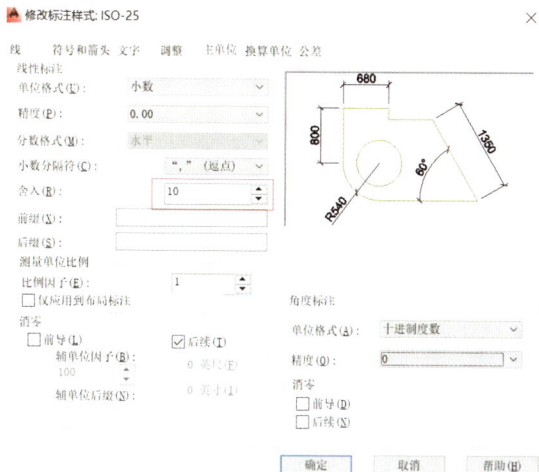

图6.49

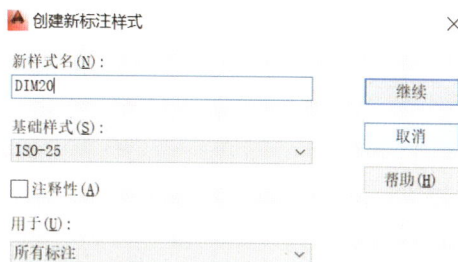

图6.50

②直线选项卡设置如图6.51所示。

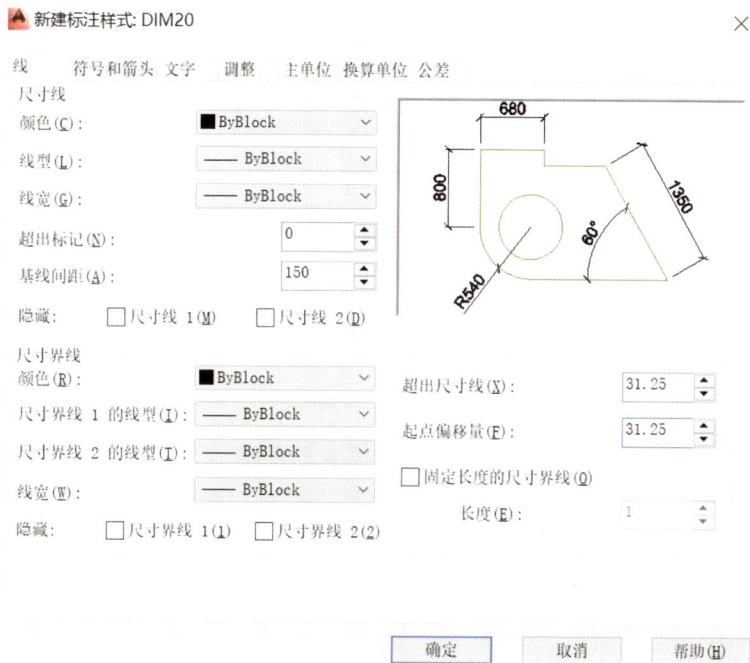

图6.51

③符号和箭头选项卡设置如图6.52所示。

④文字选项卡设置如图6.53所示。

⑤主单位选项卡设置不改变。

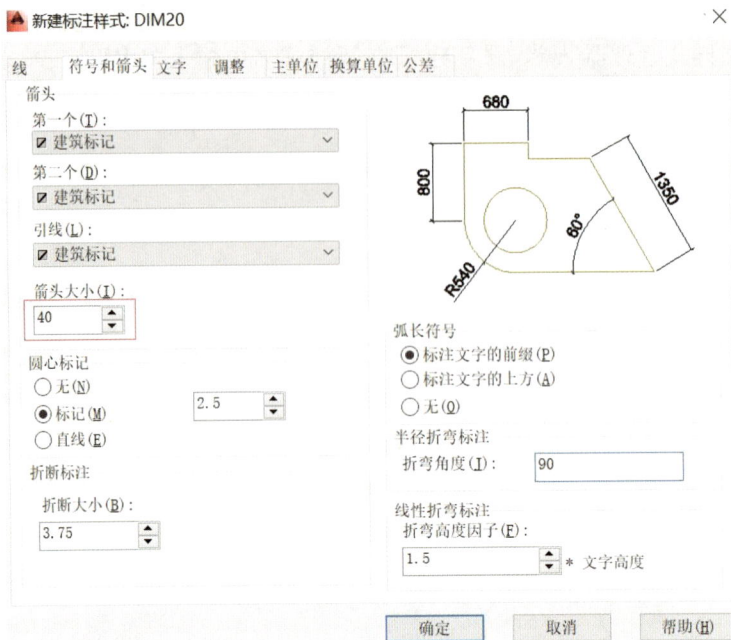

图 6.52

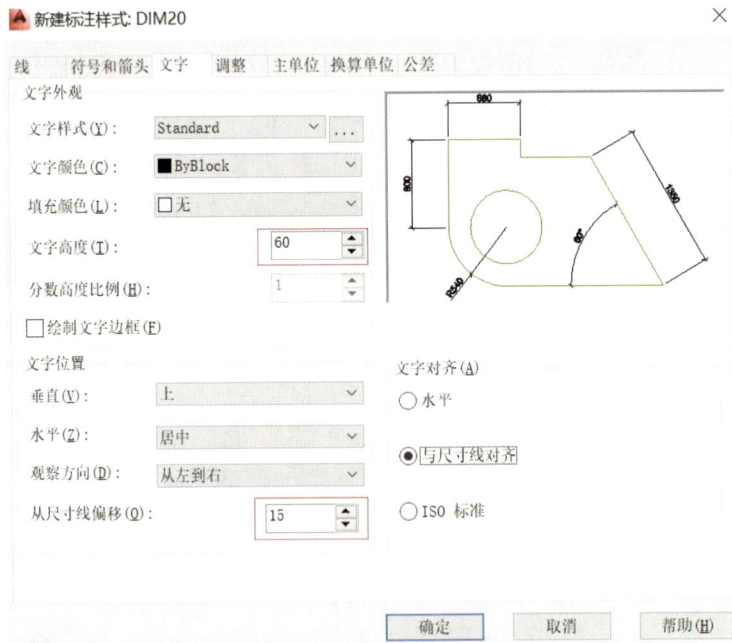

图 6.53

2）添加桥尺寸标注

我们在设置好标注样式的有关参数后，接下来，就可以为"桥原图"添加尺寸标注。

首先，我们新建一个图层，名称设置为"尺寸标注"，颜色为"绿"，线型为"Continuous"。接下来，就在标注层上添加尺寸。注意，除了桥立柱剖面图外采用"DIM20"，其他图形都采用

"ISO-25"样式标注。无论需要使用哪种标注,都要先将该标注样式置为当前。

　　然后,我们开始尺寸标注。桥施工图中主要采用了 3 种标注命令:线性标注、连续标注和基线标注,这些方法前面章节已经学习过,而且案例图 6.44 和图 6.45 分别做了操作演示。大家按照图中尺寸标注的位置进行具体操作,操作结果如图 6.54 所示。

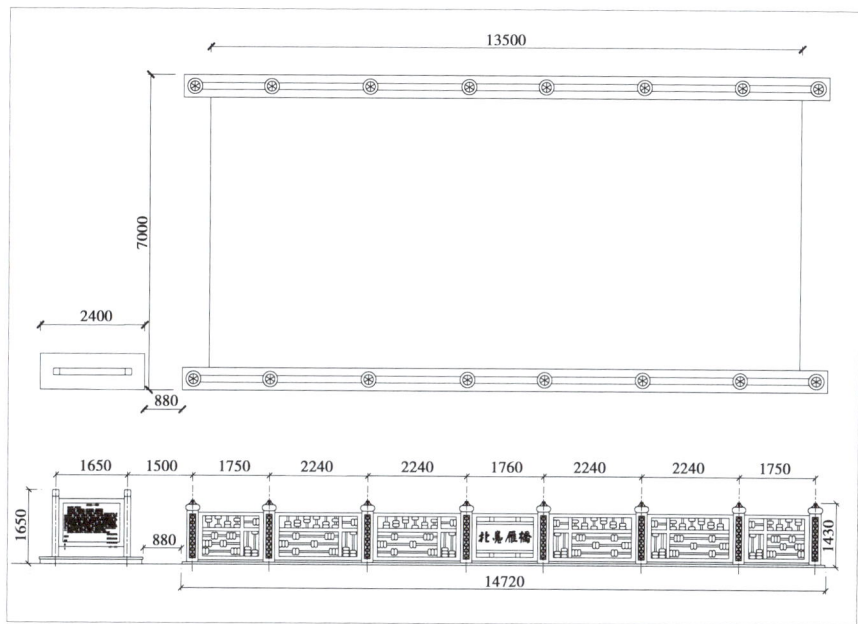

图 6.54

6.3　园林施工图的布局打印

施工图的
布局和打印

　　当桥施工图完成后,我们就需要对施工图进行合理的布局,然后对包括输出比例在内的打印做基本设置,完成符合国家制图规范的施工图。

6.3.1　园林施工图的空间布局

1)模型空间和图纸空间

　　CAD 软件的工作环境分为模型空间和图纸空间两种。大家仔细看界面左下角,有"模型"和"布局 1""布局 2"3 个标签,"模型"就是模型空间,"布局 1""布局 2"就是图纸空间。一般情况下,我们都是在模型空间绘制图形,在图纸空间插入图框、设置布局和打印比例。在模型空间中,我们严格按照1∶1 的比例绘制图形,在图纸空间我们可以设置若干个视口,为每个视口指定不同的比例。

　　给图纸添加图框有 2 种方法:

　　第一种是在模型空间插入一个标准图框,然后把图框按照要打印的比例扩大,让图框把图纸内容全都包进去,最后在打印图纸的时候直接在打印机的设置里把打印比例定为图纸的比例即可(这种情况比较适用于要打印的图纸只包含一个比例的图形)。

图6.55

第二种是在图纸空间插入一个标准图框,然后创建多个视口,每个视口指定不同的合适比例,将视口在图框内进行合理安排即可(这种情况比较适用于要打印的图纸包含几个不同比例的图形,如项目6桥施工图最后的布局设置就要用这种方法)。

2)模型空间和图纸空间的切换

对于没有创建新布局的绘图文件在CAD绘图窗口区域左下方都有标签,如图6.55所示。

默认情况下都处于模型空间状态,要在模型空间和图纸空间之间切换,只需按下相应的标签即可。

读者在图纸空间可以发现,表示坐标系的图标与模型空间是不一样的。

3)图纸空间新建、删除、重命名布局

在"模型"和"布局1""布局2"3个标签中的任意一个标签上单击鼠标右键,在弹出的菜单中可以选择新建布局、删除布局、重命名布局等选项,如图6.56所示。

4)桥图布局设置

我们以某园林桥施工图为例,来讲解布局设置的方法。

①打开配套光盘项目6文件夹中"带标注的桥"文件,其模型空间如图6.57所示。

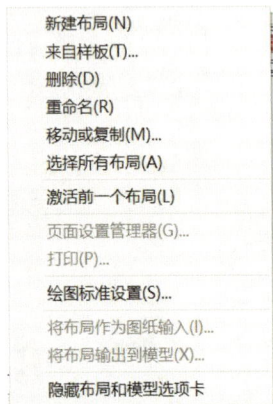

图6.56

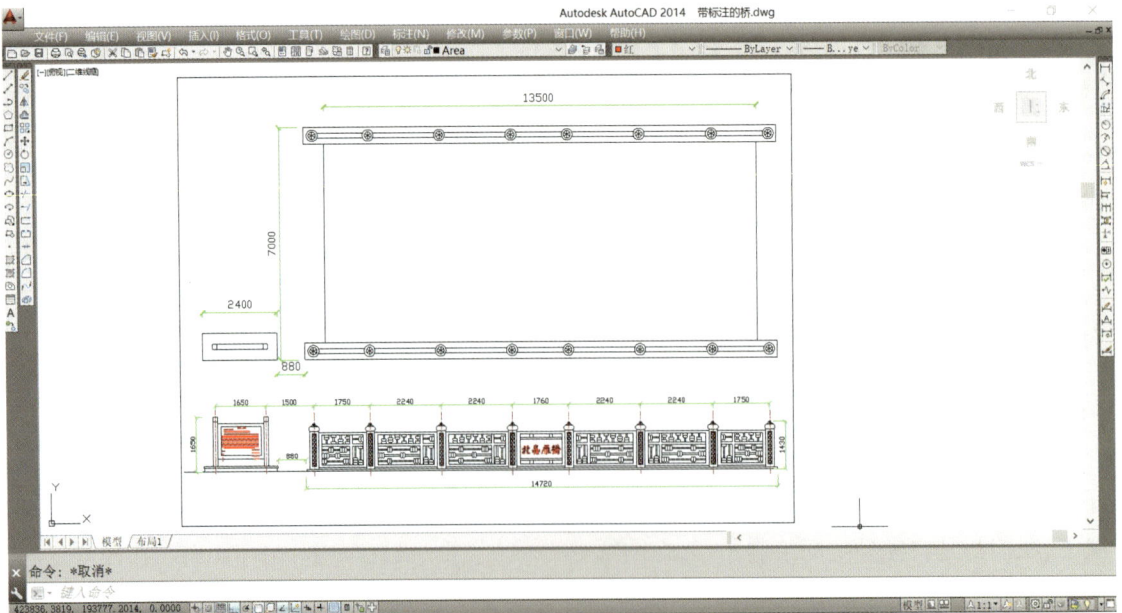

图6.57

②单击"布局1"图签,进入图纸空间,如图6.58所示,可以看到系统自动设置了一个窗口,把整个图形粗略地显示于其中,这个窗口叫作"视口",但这并不符合我们的要求,所以选中它,并删除它。

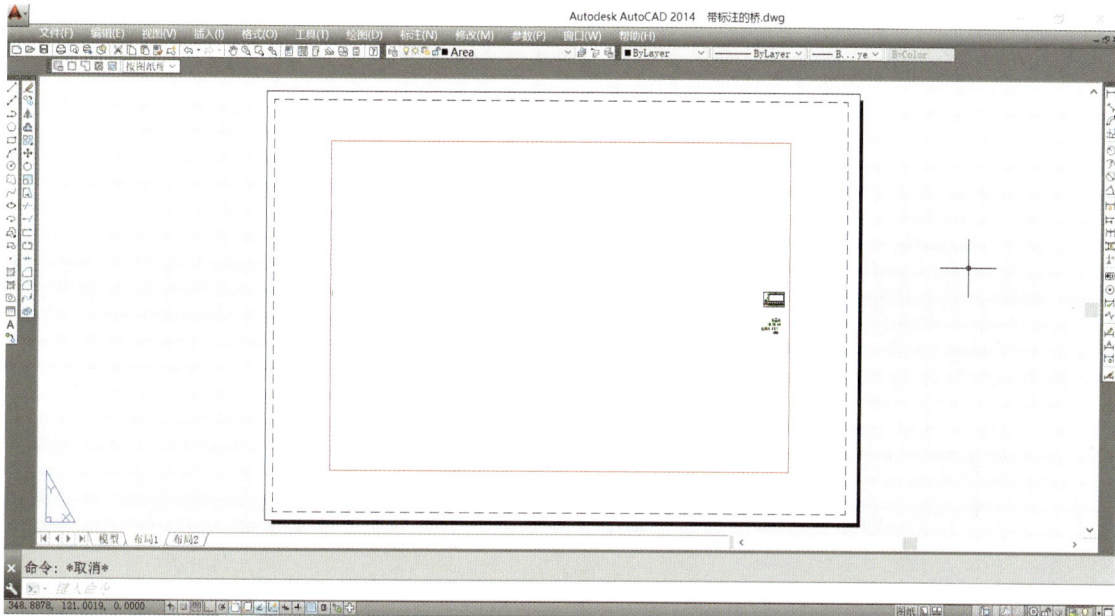

图6.58

③右键单击"布局1"图签,在弹出的菜单中选择"页面设置管理器",如图6.59所示,然后单击"修改",弹出"页面设置-布局1"对话框,在"图纸尺寸"一栏选择"A2尺寸",如图6.60所示,然后单击"确定",回到"页面设置管理器",单击"关闭",回到图纸空间窗口。

图6.59

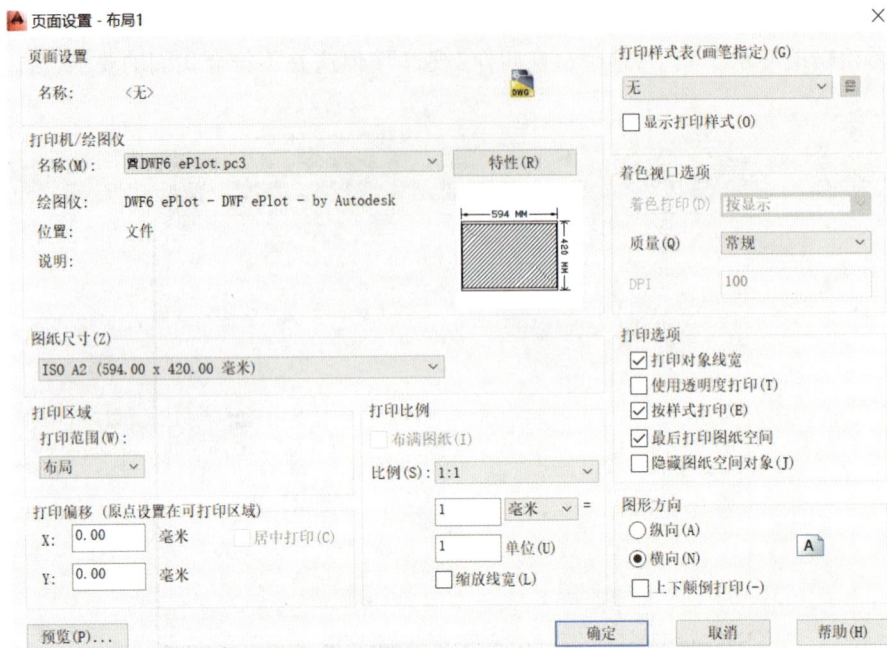

图 6.60

④打开配套素材源文件项目 6 文件夹中"A2 图框"文件,通过"Ctrl + C"和"Ctrl + V"的方法,将图框插入到桥图的图纸空间,如图 6.61 所示。

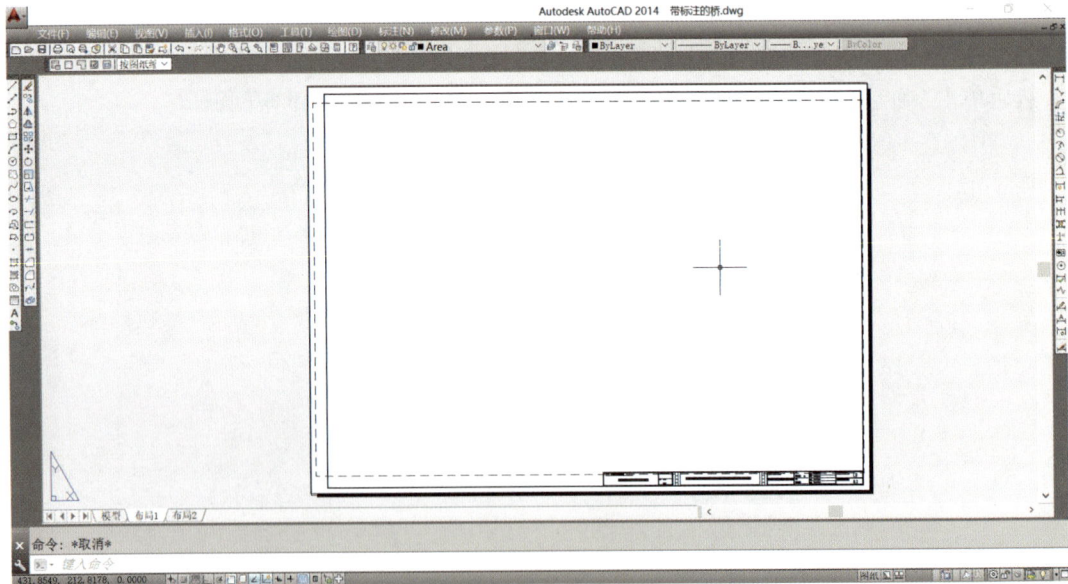

图 6.61

⑤单击"视口工具栏"中"单个视口"按钮,在图框范围内拖出一个新的视口,调整视口的边框线,可以看到视口里面显示了整个图形,如图 6.62 所示。

⑥很显然,这个时候图纸内桥各部分图形看起来都太小,不满足打印视觉要求,我们需要将每个图形单独放置(要求见"某桥施工图布局结果"),所以我们选中新建的视口(单击视口边线

的任意位置)"按钮,并单击视口工具条上的比例设置框,里面有多个比例选项,选择1∶10,这时,视口图案如图6.63所示。

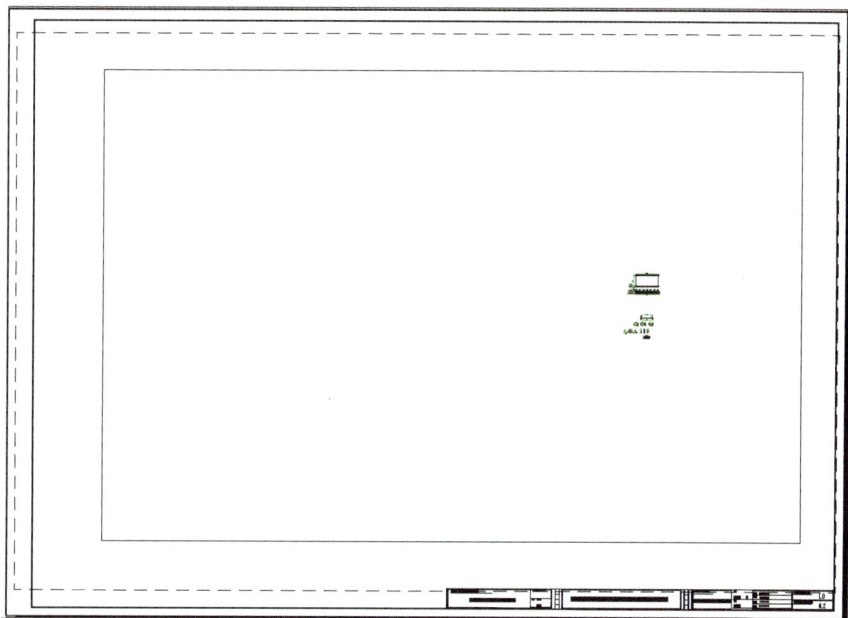

图6.62

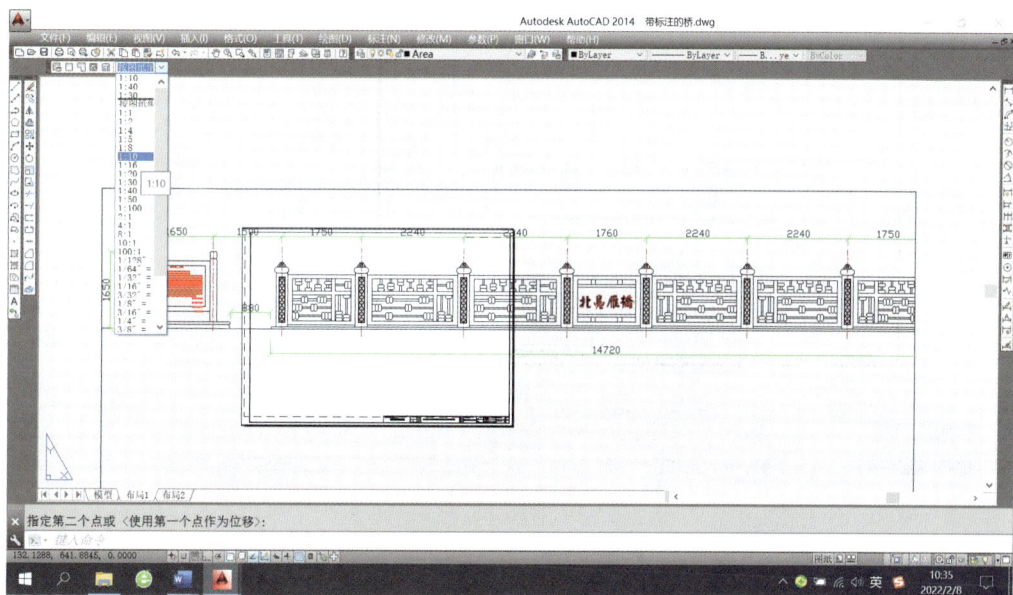

图6.63

⑦这个时候,可以看到视口A2图框容不下我们需要放置的桥正立面,所以需要尝试将比例设置框里的视口比例进行调整,当我们把比例调到1∶40的时候,会发现桥正立面恰好能完整地放进A2图框里了,使用移动命令将视口移到图纸左上角,如图6.64所示。

⑧单击"单个视口"按钮,再创建1个视口,用不同视口比例进行实验,在1∶50的比例下可以将桥平面图完整的排放在图框里,如图6.65所示。

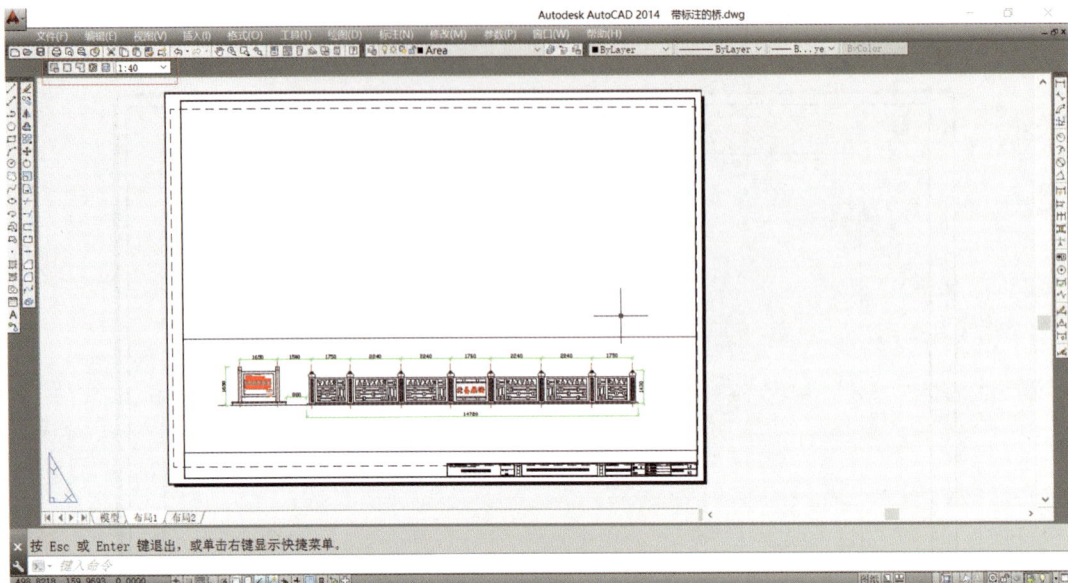

图 6.64

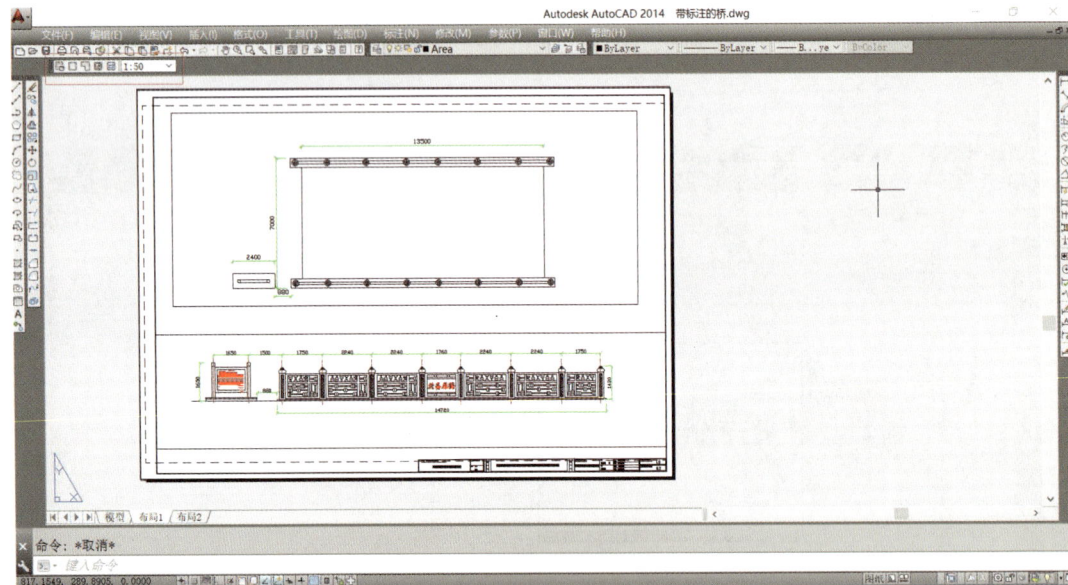

图 6.65

⑨根据同样的方法,再插入一个 A2 图框,分别创建多个视口,将桥底层平面、桥剖面、内侧和外侧立柱剖面、抱角放样和横档放样等图形完整放置在图框内,根据实验结果,比例分别是 1∶40,1∶40,1∶20,1∶20,1∶10,1∶10 等,如图 6.66 所示。

⑩CAD 软件可以在图纸空间内为图形标注文字和尺寸,如图 6.67 所示,我们将各图形的名称,如"北凫桥正立面图 1∶40"标注在图形的适宜位置。

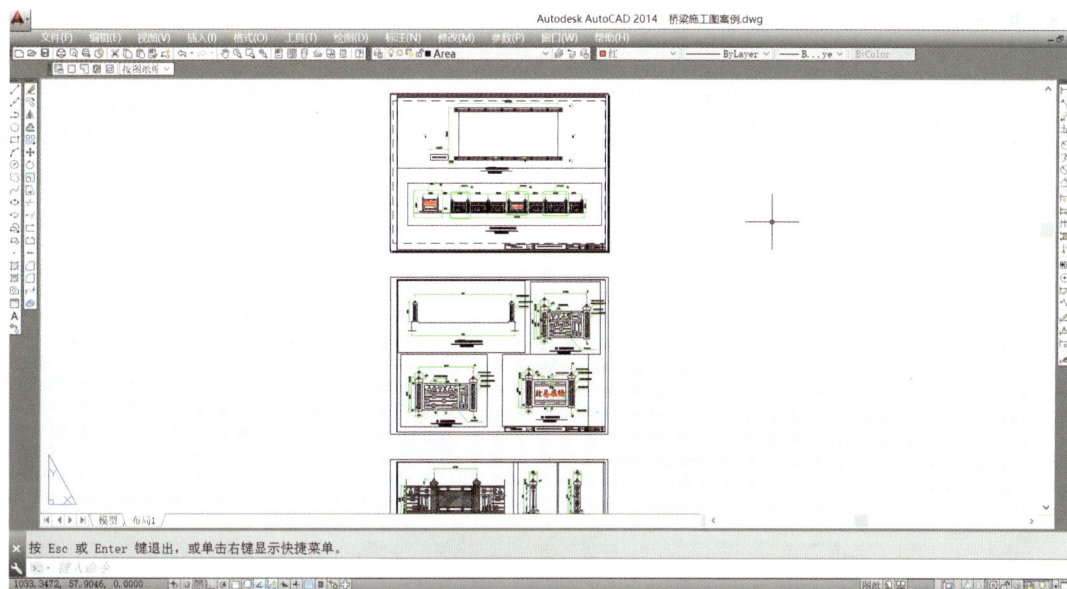

图 6.66

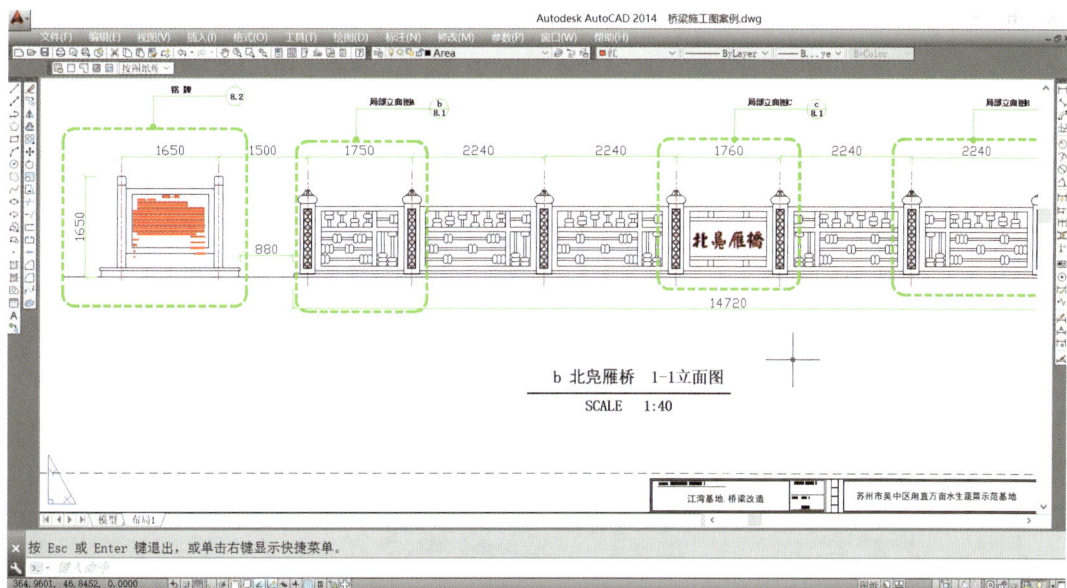

图 6.67

⑪从上图可以看到,每个图形外面都有视口边框线,这个边框线是要打印出来的,使图纸看起来不美观。因此,我们如果将视口边框线设置为不显示,效果会更好。我们把视口边框线选中,全部换到"Defpoints"图层,然后将"Defpoints"图层关闭或冻结,操作如图 6.68 所示。结果边框线就看不到了,甚至图中所有的视口都不能被选中,如图 6.69 所示。

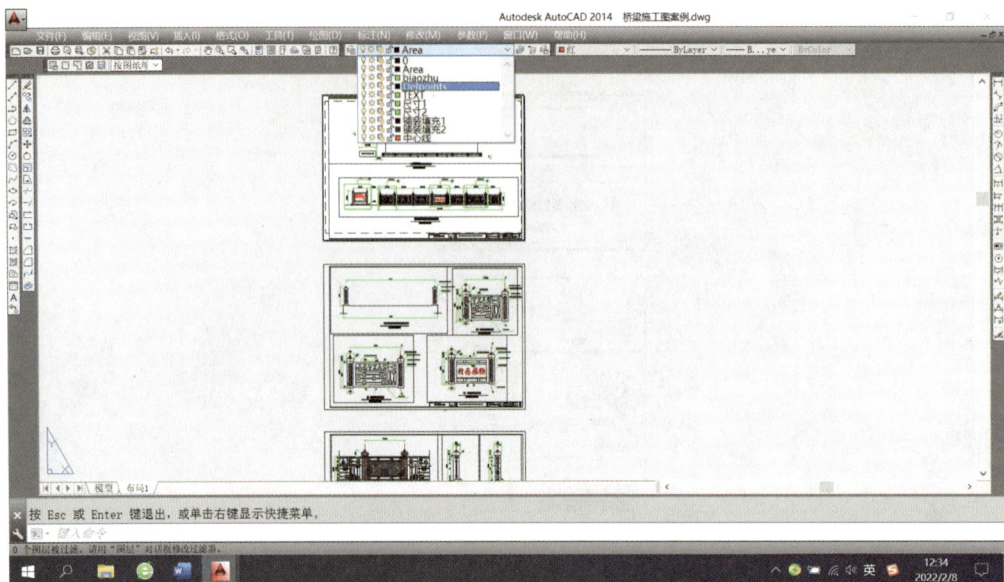

图 6.68

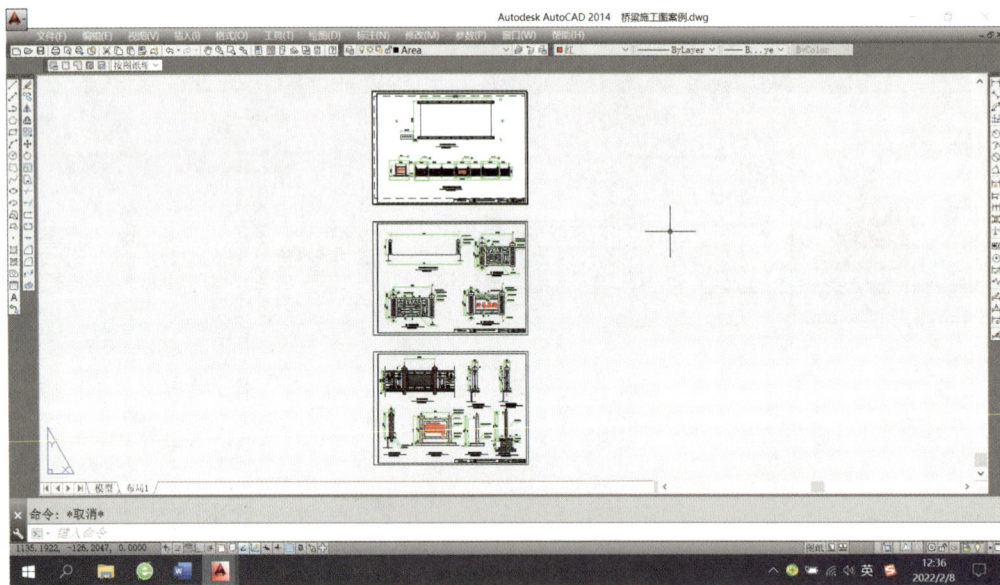

图 6.69

注意： 使用图纸空间布局要注意以下问题：

①尽量不要在图纸空间视口里编辑图形，如果要修改图形，应该回到模型空间进行。

②图纸空间布局里的所有图形要素包括文字，将来都是以 1∶1 的比例打印，所以在图纸空间使用的文字最好设定专用的文字样式，并且以 1∶1 的比例计算字高。

③一旦设置好布局后，在模型空间修改图形时，不能移动图形的位置，否则会使视口里的图形不能显示。

④为视口指定了比例后，进入图纸空间视口里时不能使用视窗缩放命令，否则会改变指定的比例值。要查看视口的比例，只需选中它，在视口工具条上的比例设置框里会显示比例值。

⑤可以在不同的视口里面控制图层显示或不显示，这种控制并不影响模型空间的图层显示。例如我们可以在模型空间让所有的图层都显示，但在图纸空间的一个视口里使某个图层不显示，而在另外一个视口里让另外的图层不显示。方法是：双击视口区域进入视口空间，然后冻结不想显示的图层，再返回图纸空间。

6.3.2　园林施工图的输出打印

1）相关知识：图纸输出打印（Plot）

无论是项目4中加好边框的"庭院设计平面图"，还是项目6中在布局空间设置的"某桥施工图"，最终的结果都是要在打印机上进行输出打印。所不同的是，"庭院设计平面图"是在模型空间直接输出，"某桥施工图"是在图纸空间进行输出。虽然，我们作为设计师，不用自己打印图纸，图纸基本都会拿到专业图文打印公司去操作，但是，我们需要学习一下基本页面设置操作。

①命令执行方式。

菜单栏：文件→打印

工具栏：🖨

命令行：Ctrl + P

②操作命令内容。

在模型空间或图纸空间执行上述方式之一，系统将弹出"打印—模型"或"打印—布局1"对话框，除了名称不同，对话框内所有内容均相同，如图6.70所示。

图 6.70

③选项说明。

a.页面设置：

名称——用于选择当前页面设置的名称。

添加——打开"页面设置"对话框，可以将"打印"对话框中的当前设置保存到命名页面设置。

b.打印机/绘图仪：

名称——用于选择已经安装的打印设备。名称下面的"绘图仪"显示当前所选页面设置中指定的打印设备；"位置"显示当前所选页面设置中指定的输出设备的物理位置；"说明"显示当前所选页面设置中指定的输出设备的说明文字。

特性——打开"绘图仪配置编辑器"对话框，如图6.71所示，包含"基本""端口"和"设备和文档设置"3个选项卡，从中可以查看或修改当前绘图仪的配置、端口、设备和介质设置。单击"自定义特性"按钮，可以设置纸张、图形、设备选项，其中包括了图纸的大小、方向以及打印图形的精度、分辨率、速度等参数的设置。

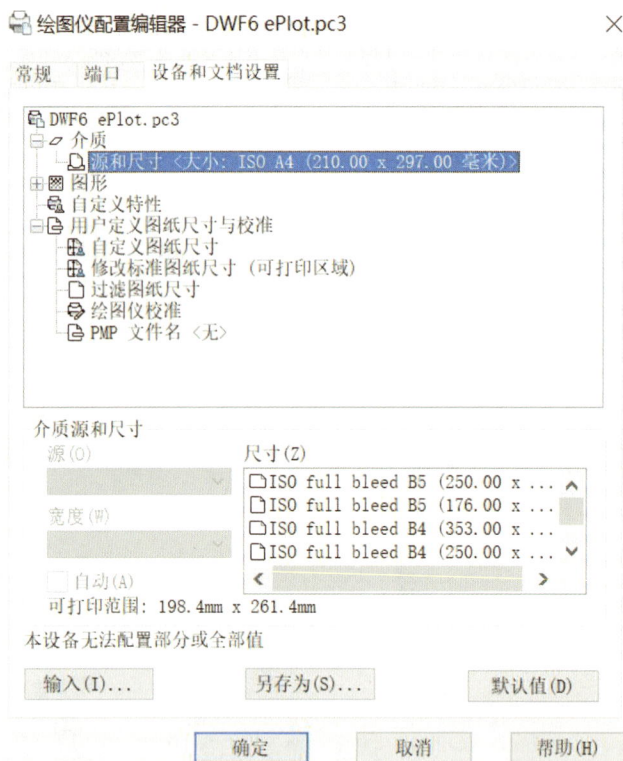

图6.71

打印到文件——打印输出到文件而不是绘图仪或打印机，即输出数据存储在文件中。注意，该数据格式是打印机可以直接接受的格式。

c.图纸尺寸：显示所选打印设备可用的标准图纸尺寸，如A0,A1,A2,A3,A4等。

d.打印份数：指定要打印的份数。注意，"打印到文件"时，此选项不可用。

e.打印区域：指定要打印的图形部分。在"打印范围"下，可以选择要打印的图形区域：

窗口——定义一个窗口来确定打印输出的范围，即使用定点设备指定要打印区域的两个角点，也可以输入两个角点的坐标值。

范围——设置打印区域为图形最大范围,即当前空间内的所有几何图形都将被打印。

图形界限——设置打印区域为图形界限,即打印指定图纸尺寸的可打印区域内的所有内容,其原点从布局中的 0,0 点计算得出。

显示——设置打印区域为屏幕显示结果。

f.打印偏移:指定打印区域相对于图纸边界的偏移。

X——相对于 X 轴方向上的偏移。

Y——相对于 Y 轴方向上的偏移。

居中打印——自动计算 X 轴偏移和 Y 轴偏移值,在图纸上居中打印。注意,当"打印区域"设置为"布局"时,此选项不可用。

g.打印比例:控制图形单位与打印单位之间的相对尺寸。注意,打印布局时,默认缩放比例设置为 1∶1。从"模型"选项卡中打印时,默认设置为"布满图纸"。

布满图纸——缩放打印图形以布满所选图纸尺寸,并在"比例""英寸"和"单位"框中显示自定义的缩放比例因子。

比例——定义打印的精确比例,可以在下拉列表中选择一固定比例,也可以自定义输出比例。

h.预览:预览图形的输出结果。

i.应用到布局:将当前"打印"对话框设置保存到当前布局。

2)桥施工图输出打印

命令:Ctrl + P

打开"打印—布局 1"对话框,在打印机名称一栏选择"DWF6. ePlot. pc3"打印机(系统自带的打印机,如果是打印公司,就选择连接的打印机名称),在图纸尺寸一栏选择"A2 图框",在打印范围一栏选择"窗口",比例选择会自动设置为 1∶1,图纸方向选择"横向",设置如图 6.72 所示。

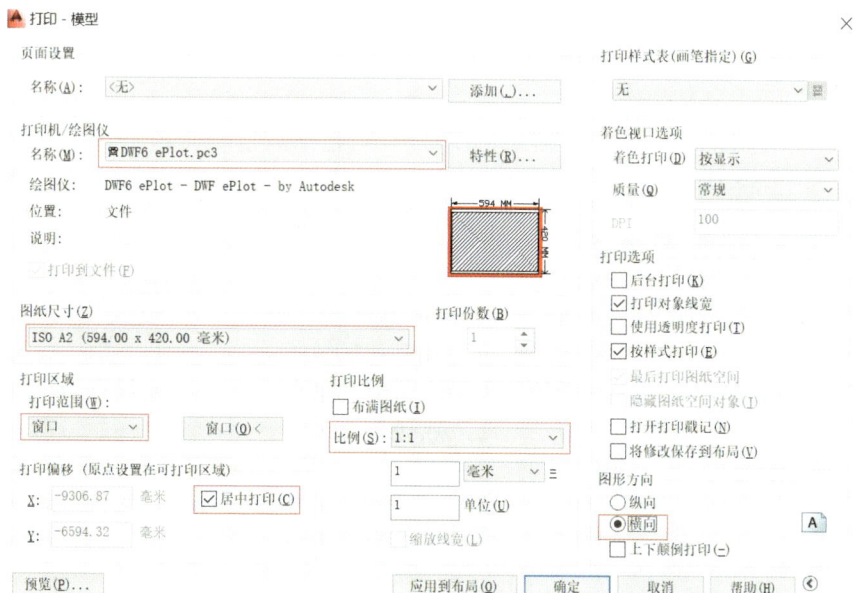

图 6.72

桥输出基本打印设置就完成了。

另外,专业设计公司为了图纸打印出线条宽度不等的效果,还经常会设置打印线型,在如图6.73所示的"打印样式表编辑器"中对不同颜色设置不同的线宽,即可得到效果。由于不同设计公司对打印线型要求不同,这里不再赘述。

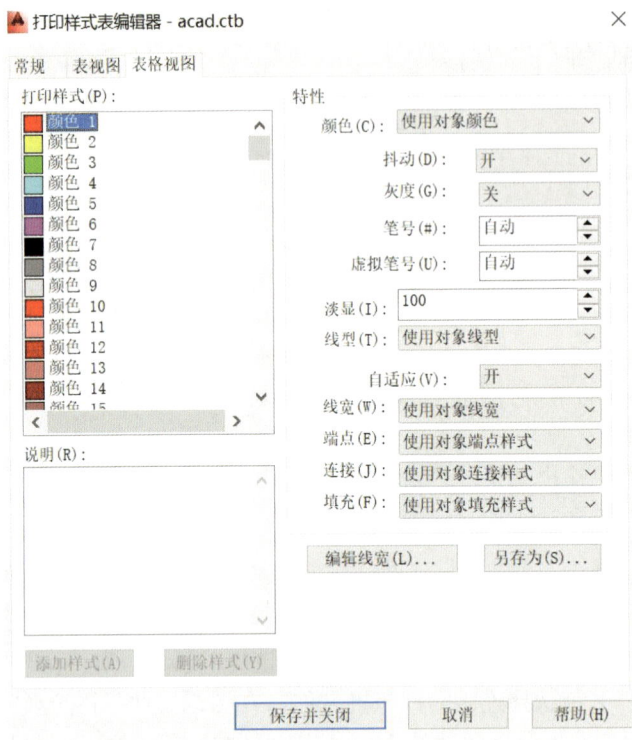

图 6.73

[项目小结]

本项目详细向读者讲解了园林工程量的统计方法,包括数量和面积的统计,熟练掌握该内容有助于读者快速准确地统计园林工程量,进行工程预决算;同时,分析了园林施工图的尺寸标注方法和布局打印设置,熟练掌握该内容有助于读者按照国家制图标准进行施工图绘制,设置合理的布局和输入比例,进行图纸打印。

[能力拓展]

对配套素材源文件项目6文件夹内"建筑施工图"进行尺寸标注和布局打印设置。

配套素材源文件

参考文献

［1］余俊.园林 AutoCAD 辅助设计［M］.南京:江苏教育出版社,2012.

［2］杨学成.计算机辅助园林设计［M］.重庆:重庆大学出版社,2012.

［3］周涛,吴军.园林计算机绘图教程［M］.北京:机械工业出版社,2006.

［4］常会宁,于桂芬.园林计算机辅助设计.［M］.2 版.北京:高等教育出版社,2015.

［5］刘丽,杜娟,段晓宇.计算机辅助园林设计［M］.北京:中国农业大学出版社,2017.

［6］于承鹤.园林计算机辅助设计［M］.2 版.北京:化学工业出版社,2017.

［7］CAD/CAM/CAE 技术联盟.AutoCAD2018 中文版入门与提高:园林设计［M］.北京:清华大学出版社,2018.

［8］巩宁平,陕晋军,邓美荣.建筑 CAD［M］.5 版.北京:机械工业出版社,2019.

［9］陈淑君.CAD 园林工程图制作［M］.北京:科学出版社,2020.

［10］夏玲涛.建筑 CAD［M］.北京:中国建筑工业出版社,2021.

［11］徐幼光.环境艺术制图 AutoCAD［M］.2 版.上海:上海交通大学出版社,2021.

［12］李保梁,张广进.园林工程 CAD［M］.2 版.北京:机械工业出版社,2023.

［13］王毅芳.建筑 CAD［M］.北京:北京理工大学出版社,2023.

［14］陈瑜.园林计算机制图［M］.2 版.北京:高等教育出版社,2023.